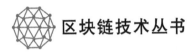

区块链技术丛书

区块链应用的作用机制和影响后果

万滢霖　著

U0291009

北京邮电大学出版社
www.buptpress.com

内 容 简 介

区块链技术诞生于 2008 年全球金融危机之际,该技术通过多方记账这一成本可控的方式使得交易中的代理问题得以有效控制,企业生产运营和财务相关的信息能够实现多方确认、不可篡改和即时同步,使得企业实现更大规模的智能化、定制化创新生产模式成为可能。

本书研究梳理了区块链技术行业应用方面的文献,基于区块链技术不可篡改、多方确认和即时同步的技术特征,从提升企业信息共享效率、保障企业信息安全和降低企业信息审计成本这三个作用机制着手,分析了区块链技术作用于微观企业层面的四类影响后果,即优化内部资本市场效率、促进主体间合作创新、赋能供应链金融和农副产品溯源。

图书在版编目(CIP)数据

区块链应用的作用机制和影响后果 / 万滢霖著. ﹣﹣北京 : 北京邮电大学出版社,2023.5
ISBN 978-7-5635-6914-4

Ⅰ.①区… Ⅱ.①万… Ⅲ.①区块链技术－研究 Ⅳ.①TP311.135.9

中国国家版本馆 CIP 数据核字(2023)第 079384 号

策划编辑:姚 顺 刘纳新 责任编辑:满志文 责任校对:张会良 封面设计:七星博纳

出版发行:北京邮电大学出版社
社 址:北京市海淀区西土城路 10 号
邮政编码:100876
发 行 部:电话:010-62282185 传真:010-62283578
E-mail:publish@bupt.edu.cn
经 销:各地新华书店
印 刷:北京虎彩文化传播有限公司
开 本:720 mm×1 000 mm 1/16
印 张:7.75
字 数:112 千字
版 次:2023 年 5 月第 1 版
印 次:2023 年 5 月第 1 次印刷

ISBN 978-7-5635-6914-4 定价:39.00 元

前 言

　　区块链技术诞生于 2008 年全球金融危机之际,目的是通过技术手段创造一种永不贬值的交易工具以对抗发达国家"直升机撒钱"所带来的通货膨胀对人民带来的损失。十多年过去了,伴随着实体经济发展水平逐渐饱和,包括比特币、以太坊等私人机构发行的数字货币带动了加密金融生态的蓬勃发展,成了实体经济的镜像映射。很多学者认为加密金融生态榨取了本该投资于实体经济的资金,但无论是实体经济还是加密金融生态,都是人类欲望的折射,投资于加密金融生态或是实体经济,两者到底哪种更高贵?至少区块链技术通过多方记账这一成本可控的方式使得交易中的代理问题得以有效控制,企业生产运营和财务相关的信息能够实现多方确认、不可篡改和即时同步,使得企业实现更大规模的智能化、定制化创新生产模式成为可能。

　　本书研究梳理了区块链技术行业应用方面的文献,基于区块链技术不可篡改、多方确认和即时同步的技术特征,从提升企业信息共享效率、保障企业信息安全和降低企业信息审计成本这三个作用机制着手,分析了区块链技术作用于微观企业层面的四类影响后果,即优化内部资本市场效率、促进主体间合作创新、赋能供应链金融和农副产品溯源。本书的研究框架如下,首先阐述了研究背景与方法以及主要发现,并分别对企业区块链应用与内部资本效率、企业区块链应用与合作创新、企业区块链应用与供应链金融这三类相关文献进行了回顾和归纳,并对现状进行评述。然后本书从区块链赋能信息共享平台、数字金融资产和工业元宇宙三个维度分别对区块链行业应用现状进行了系统性的介绍,引出企业区块链应用的实证研究(包括企业区块链应用与内部资本市场效率、企业区块链应用与合作创新)和案例研究(包括区块链赋能企业供应链金融平台、面向岳各庄农副产品的区块链溯源技术研究)。具体而言,企业区块链应用与内部资本效率、企业区块链应用与合作创新这两个部分的实证研究采用了我国 2016—2019 年 A 股上市公司样本,分别验证了企业区块链应用和信息化投入对企业内部资本市场效率的促进作用,以及企业区块链应用在不同社会信任水平下对企业合作创新的提升作用,之后就应收账款 ABS 业务和应收账款多级流转业务对区块链技术赋能供应链金融平台的典型案例进行了详细介绍,同时结合岳各庄农副产品流通特点采用私有链和联盟链组成的混合链架构提出了面向岳各庄农副产品的区块链溯源技术研究方案。本书最后基于以上分析,验证了区块链技术提升企业信息共享效率、保障企业信息安全和降低企业信息审计成本的作用路径,对研究结果进行了总结和分析。

本书以 2016—2019 年我国 A 股上市公司数据为样本研究发现:首先,企业区块链应用与企业内部资本市场效率之间呈正相关关系。其次,分别检验政府信息化补贴和企业信息化投入对企业区块链应用和内部资本市场效率之间关系的影响,发现政府信息化补贴和企业信息化投入能够促进区块链应用对企业内部资本市场效率的提升。这些结果说明,区块链应用对于改善企业内部资本市场效率发挥了积极作用,为进一步促进区块链生态良性发展提供了理论参考。

本书以 2016—2019 年我国 A 股制造业上市公司数据为样本研究发现:生人信任显著促进了企业的合作创新,而熟人信任则没有这种显著的促进作用。企业采纳和应用区块链技术可以显著促进合作创新。同时,区块链技术加强了生人和熟人信任对合作创新的正向影响。这些结果说明,区块链应用对促进企业合作创新效率具有积极的提升作用,为促进区块链应用实践和提升政府监管提供了理论参考。

本书以联易融应收账款保理业务和资产证券化业务为例,创新性地提出了集成区块链技术优势贴合供应链业务特征实现应收账款分拆流转的应收账款保理业务和资产证券化业务模式,并从其总体架构和操作模式两个方面进行了详细阐述。本书利用区块链技术解决了供应链金融平台应收账款增信、确权和分拆流转三个方面的具体问题，帮助供应链底层的中小企业盘活应收账款，利用核心企业信用支撑的分拆后的应收账款获得低成本融资，是通过区块链技术改善小微企业融资难和融资贵问题的积极探索，为推动各领域数字化优化升级和塑造新竞争优势提供了坚实的理论及实践基础。

本书分析了区块链应用于农副食品溯源的可行性；然后结合岳各庄农副产品流通的特点，基于 UTXO 模型，以此作为农副产品数字化的理论依据；同时采用由私有链和联盟链组成的混合链架构解决了农副产品信息在保密和开放验证之间的矛盾；最后阐述了基于区块链的农副产品溯源系统是如何运作的。本书是区块链和软件工程的交叉研究，基于区块链和 UTXO 模型的岳各庄农副产品溯源系统有望给农产品的生产和流通带来变革。

本书可能的创新之处在于：

第一，本书丰富了现有 TCE 视角下，企业如何防止和缓解机会主义行为以提高企业绩效的研究（Brockman et al.，2018）。具体而言，以往文献多将区块链技术视为一种生产要素，是企业通过创新研发得到的要素产物。但在新制度经济学的框架下，区块链技术作为一种新型生产关系作用于经济社会的发展进程，能够实现对旧有生产关系的升级迭代，推进社会各产业的创新变革。本书提出区块链应用对企业内部资本市场的影响机理并基于区块链应用发展技术周期构建包含四个阶段的区块链应用评价指标，不仅从理论上梳理区块链应用对企业内部资本市场效率的影响机制，而且在实证上探究区块链应用程度对企业内部资本市场效率的影响。

第二，在区块链技术兴起和应用的背景下，本书丰富了社会信任的研究。具体而言，本书发现，在不完全契约的情景下，区块链技术的应用可以缓和机会主义行为风险。同时，区块链技术还可以与信任这种非正式的制度形成互补与协同，更好地减缓机会主义行为对企业间合作的损害。因此，本书认为，区块链技术作为一种新兴的数字化颠覆技术和安全机制，可以有效地补充和加强信任机制。作为基于加密原理构建的分布式数据库，区块链技术也具有传达价值和解决信任危机的能力。这一观点也呼应了目前对于区块链技术在企业运营过程中的主流研究（Fernandez—Carames et al.，2018；Upadhyay，2020）。

　　第三,本书的研究拓展了区块链技术相关的研究。本书以联易融供应链金融平台应收账款保理融资和应收账款资产证券化为分析案例,首先对其区块链平台总体架构进行阐述,其次对应收账款保理融资和应收账款证券化具体业务模式进行介绍,从区块链技术如何通过分布式账本赋能核心企业应收账款向数字化资本转换的视角,为包括应收账款、商业信贷等低流动性资产实现数字资产转换的新型融资路径提供一种理论解释,该理论可为股权资本如何介入和帮助传统供应链金融平台小微企业改善融资困境提供了一条可复制、可推广的路径。同时,结合岳各庄农副产品流通的特点,本书阐述了基于区块链的农副产品溯源系统是如何运作的,有望给农产品的生产和流通带来变革。

　　基于研究结论,本书还提出若干政策与管理学启示。对于政府而言,首先,应当给予科技和新型数字技术融合的支持政策,鼓励和完善配套产业的发展。加强地方区块链基础设施建设水平,尤其是要加强信息网络技术服务水平和质量,例如我国政府最近所倡导的数字新基建,可以有效帮助企业的数字化升级,推进信息有效流动,促进企业的合作创新。其次,进一步完善在应用上包括区块链技术在内的数字技术监管体系。应该更强调企业主体地位和政府的服务职能,制定和完善数字资产保护相关法律法规建设,通过区块链技术搭建资源变资产成资本的转化平台,为后续实现链上资本数字化和数据资本化提供坚实的基础。对于企业而言,首先,知识和信息共享是影响企业合作创新绩效的主要因素。因此,企业管理者可以积极推动包括区块链技术应用在内的数字化升级,以确保企业信息获取与共享的效率与安全性。其次,企业应不断提高区块链技术的使用能力,形成专业团队,以发挥信息化优势,优化企业资源,与合作伙伴形成顺畅的信息流,从而提高企业的合作创新绩效,增强企业的核心竞争力。

作　者

目　录
CONTENTS

表目录

图目录

第1章
绪　论

1.1　研究背景和意义

1.1.1　研究背景

从国家战略层面,区块链核心技术的快速发展和在关键领域的落地应用为优化资源信息整合进而带动企业生产运营效率提升带来了新的机遇。区块链本质为不信任或者弱信任的多个主体协作的操作系统,涵盖分布式的共享账本和数据库且具有去中心化、不可篡改、全程留痕、可以追溯、集体维护、公开透明等特点。区块链技术是专门针对弱信任条件下多主体之间信息共享问题而提出的,因此区块链技术特征具备直接影响多主体信息共享和信息审计过程的能力。具体而言,区块链本身的技术特征包括密码学、分布式计算和博弈论,这三者分别能够借由提升内部信息质量、优化信息共享效率和实现信息安全保障三个方面,更好地帮助企业改善内部资本市场效率、促进主体间合作创新和赋能供应链金融平台。在此基础上，本书立足于我国当前区块链应用现状，从区块链赋能信息共享平台和数字金融资产两个维度分别进行了系统性的介绍，基于交易成本理论和网络理论视角对企业区块链应用的作用机制和影响后果进行分析，具有一定的理论价值。本书对研究区块链技术在我国企业的实践应用方面进行了系统性的介绍，引出企业区块链应用的实证研究（包括企业区块链应用与内部资本效率、企业区块链应用与合作创新）和区块链赋能企业供应链金融平台的典型案例，对开展具有针对性和应用型的区块链相关研究，具有一定的实践价值。

1.1.2　研究意义

以往文献多将区块链技术视为一种生产要素，是企业通过创新研发得到的要素产物。但在新制度经济学的框架下，区块链技术作为一种新型生产关系作用于经济社会的发展进程，能够实现对旧有生产关系的升级迭代，推进社会各产业的创新变革。同时，区块链技术作为一种新兴的数字化颠覆技术和安全机制，可以有效地补充和加强信任机制。作为基于加密原理构建的分布式数据库，区块链技术也具有传达价值和解决信任危机的能力。这一观点也呼应了目前对于区块链技术在企业运营过程中的主流研究（Fernandez-Carames et al.，2018；Upadhyay，2020）。最后区块链技术在供应链金融领域的应用与实践可为股权资本如何介入和帮助传统供应链金融平台小微企业改善融资困境提供了一条可复制、可推广的路径，有助于推进我国数字经济发展进程，实现各领域数字化优化升级。

1.2　研　究　内　容

本书梳理了区块链技术行业应用方面的文献，基于区块链技术不可篡改、多方确认和即时同步的技术特征，从提升企业信息共享效率、保障企业信息安全和降低企业信息审计成本这三个作用机制着手,分析了区块链技术作用于微观企业层面的三类影响后果,即优化内部资本市场效率、促进主体间合作创新和赋能供应链金融。本书研究框架如下,首先阐述了研究背景与方法以及主要发现,并分别对企业区块链应用与内部资本效率、企业区块链应用与合作创新、企业区块链应用与供应链金融这三类相关文献进行了回顾和归纳,并对现状进行评述。之后本书从区块链赋能信息共享平台、数字金融资产和工业元宇宙三个维度分别对区块链行业应用现状进行了系统性的介绍,引出企业区块链应用的实证研究(包括企业区块链应用、信息化投入与内部资本效率;制造业企业区块链应用与合作创新)和案例研究(区块链赋能企业供应链金融平台、面向岳各庄农副产品的区块链溯源技术研究)。

主要研究内容及章节安排如下:

第 1 章,绪论。本章阐述了区块链技术应用的研究背景,从理论意义和现实意义两个方面对本书的研究意义进行了论证,给出了本书的研究内容、研究方法和创新点。

第 2 章,文献综述。本章梳理了企业区块链应用与内部资本效率、企业区块链应用与合作创新、企业区块链应用与供应链金融这三类相关文献。

第 3 章,区块链产业发展现状。从区块链赋能信息共享平台、数字金融资产和工业元宇宙三个维度分别对区块链行业应用现状进行了系统性的介绍,为后续的研究做好背景铺垫。

第 4 章,企业区块链应用、信息化投入与内部资本市场效率。本章以我国 2016—2019 年 A 股上市公司为样本,从两个方面展开实证研究:一是研究企业区块链应用对企业内部资本市场效率的影响。二是分别检验政府信息化补贴和企业信息化投入对企业区块链应用和内部资本市场效率之间关系的影响。

第 5 章,制造业区块链应用、社会信任与企业合作创新。本章以我国 2016—2019 年制造业 A 股上市公司为样本,从两个方面展开实证研究:一是研究不同类型的社会信任(即生人信任与熟人信任)对制造业企业合作创新的差异化影响;二是分析制造业企业区块链应用带来的公司外部治理效应,包括区块链应用对企业合作创新的直接影响以及区块链应用对社会信任与企业合作创新之间关系的间接影响。

第 6 章,区块链驱动供应链金融的实现机制研究。本章以联易融应收账款保理业务和资产证券化业务为例,创新性地提出了集成区块链技术优势贴合供应链业务特征实现应收账款分拆流转的应收账款保理业务和资产证券化业务模式,并从其总体架构和操作模式两个方面进行了详细阐述。

第 7 章,面向岳各庄农副产品的区块链溯源技术研究。本章首先分析了区块链应用于农副食品溯源的可行性;然后结合岳各庄农副产品流通的特点,基于 UTXO 模型,以此作为农副产品数字化和信息录入的理论依据;同时采用由私有链和联盟链组成的混合链架构解决了农副产品信息在保密和开放验证之间的矛盾;最后阐述了基于区块链的农副产品溯源系统是如何运作的。本书是区块链和软件工程的交叉研究,基于区块链和 UTXO 模型的岳各庄农副产品溯源系统有望给农产品生产和流通带来变革。

第 8 章,结论与启示。基于以上分析,总结全书:包括企业区块链应用与内部资本效率、企业区块链应用与合作创新、企业区块链应用与供应链金融和面向岳各庄农副产品的区块链溯源技术研究。之后本书对实证结果和理论框架进行总结和分析,并为政府部门如何促进法治建设,助力企业区块链应用提出相应的政策建议。

1.3　研究方法和思路

本书是基于现实背景与实证分析基础上的综合研究。为实施上述研究内容,本书将采取规范研究与实证研究相结合的研究方法。

具体而言,规范研究注重对基本概念的界定和内涵机理的揭示,并以此为基础展开理论创新研究,本书从企业区块链应用的技术特征出发,揭示了区块链技术提升企业信息共享效率、保障企业信息安全和降低企业信息审计成本的作用路径,内在机理及影响后果。实证研究在规范研究的基础上展开,将定性的、定量的、时序的和横截面的分析相结合。其中,定性分析注重文献分析法和案例分析法的集合,本书总结企业区块链应用与内部资本效率、企业区块链应用与合作创新、企业区块链应用与供应链金融这三类相关文献,以联易融应收账款保理业务和资产证券化业务为例,对应收账款分拆流转的应收账款保理业务和资产证券化业务模式进行了详细阐述。同时,结合岳各庄农副产品流通的特点,本书阐述了基于区块链的农副产品溯源系统是如何运作的,有望给农产品生产和流通带来变革。

此外强调逻辑分析法、比较分析法和文献分析法的应用;定量分析强调数据可靠、方法实用、手段先进、结论稳健,注重 Logit 模型和 PSM 回归等方法的综合使用。

1.4 研究的创新

本书梳理了区块链技术行业应用方面的文献,基于区块链技术不可篡改、多方确认和即时同步的技术特征,从提升企业信息共享效率、保障企业信息安全和降低企业信息审计成本这三个作用机制着手,分析了区块链技术作用于微观企业层面的三类影响后果,即优化内部资本市场效率、促进主体间合作创新和赋能供应链金融。本书的创新包括:

(1)本书丰富了现有 TCE 视角下,企业如何防止和缓解机会主义行为以提高企业绩效的研究(Brockman et al.,2018)。本书提出区块链应用对企业内部资本市场的影响机理,并基于区块链应用发展技术周期构建包含 4 个阶段的区块链应用评价指标,不仅从理论上梳理区块链应用对企业内部资本市场效率的影响机制,而且在实证上探究区块链应用程度对企业内部资本市场效率的影响。

(2)在区块链技术兴起和应用的背景下,本书丰富了社会信任的研究。具体而言,在不完全契约的情景下,区块链技术的应用可以缓和机会主义行为风险。同时,区块链技术还可以与信任这种非正式的制度形成互补与协同,以更好地减缓机会主义行为对企业间合作的损害。

（3）本书拓展了区块链技术相关的研究。本书以联易融供应链金融平台应收账款保理融资和应收账款资产证券化为分析案例，为包括应收账款、商业信贷等低流动性资产实现数字资产转换的新型融资路径提供一种理论解释，该理论可为股权资本如何介入和帮助传统供应链金融平台小微企业改善融资困境提供了一条可复制、可推广的路径。同时，结合岳各庄农副产品流通的特点，本书阐述了基于区块链的农副产品溯源系统是如何运作的，有望给农产品生产和流通带来变革，有助于推进我国数字经济发展进程，实现各领域数字化优化升级。

第2章
文献综述

2.1 企业区块链应用与内部资本市场效率

自 2008 年中本聪发明比特币电子现金系统以来,全球启动大规模数字货币试验并发布了一系列包括央行数字货币和 Libra 在内的创新应用,带动了去中心化金融应用(DeFi)为特征的加密金融生态构建,政府和业界竞相开展了以数字货币和数字证券为主导的数字资产监管和数据资产评估定价。以往区块链的研究主要集中于加密金融生态和区块链技术应用这两个方面。加密金融生态方面的研究则主要包括加密数字货币设计及交易(Easley et al.,2017;姚前,2018;Cong et al.,2018;Benedetti,2019;Cong et al.,2019)、区块链经济学(Abadi et al.,2018;罗玫,2019)。区块链技术应用方面主要涉及数学模型定理(Wang et al.,2015)、技术及产品结构(范忠宝 等,2018)、发展调查(刘若飞,2016)等以及行业应用(邓爱民 等,2019),少有针对区块链技术如何构建和服务于新型生产关系并发挥公司治理作用,进而影响企业内部资本市场效率的文献。

有关内部资本市场的研究主要包括内部资本市场的影响因素和作用结果，较早的研究大多数从内部资本市场的产生与发展的角度研究多元化经营对于企业内部及外部资源带来的影响(Alchian，1969；Williamson，1975)。随着内部资本市场研究的深入，也有相关文献从制度环境(祁怀锦 等，2019)、公司治理(吴成颂，2011)、公司绩效(张会丽 等，2011；郑国坚 等，2016)、关联交易(陈艳丽 等，2014)、现金持有(蔡卫星 等，2016)、风险传导(纳鹏杰 等，2017)、组织结构(危平 等，2017)等展开研究。个别研究还涉及内部资本市场的间接影响，比如企业研发(黄俊 等，2011)、企业创新(王超恩，2016)等。现有研究往往在内部资本市场度量方面拘泥于某一特定指标或试图构建模型测算内部资本市场效率，对内部资本市场的多钱效应(More Money Effect)和活钱效应(Smarter Money Effect)(Stein，1997)褒贬不一，但实质上内部资本市场效率应该涵盖企业生产运营且反映公司治理层面多个维度，围绕技术创新尤其是企业信息化建设对企业内部资本市场效率的影响机制的文献较为缺乏。

2.2　企业区块链应用与合作创新

信任作为社会资本的核心组成部分，反映了合作双方履行协议的主观意愿和强度(Gambetta，1988)，它能够缓解创新过程中的机会主义，改善合作环境和知识共享，从而在长期合作中提升创新绩效中起着关键作用(Brockman et al.，2018)。首先，信任能够降低搜寻成本，吸引更为优质的合作伙伴，降低因合作伙伴选择不当而产生的机会主义行为，进一步促进合作创新产出(Bierly et al.，2007)。第二，在动态变化的商业环境中创新合作伙伴之间的资源和知识共享需要在相互监督下持续演化和调整(Parkhe，1993)。在更高信任水平下结成的合作关系，则可以降低这些协调成本(Gulati et al.，1998)。第三，信任是在长期的重复博弈中所形成的一种合作均衡。信任可以强化企业对道德标准和行业规范的认同度，增强企业对守信道德的认可和预期，通过减少协作过程中的机会主义(例如知识泄漏风险和搭便车问题)来提高合作创新的效率(Das et al，

1998)。具体而言,企业基于信任机制形成的合作创新关系激励各个企业积极整合外部资源,进而加速了合作企业之间的信息流动与知识共享,通过反复迭代强化各个主体之间的信任,从而有利于降低知识共享、转移和协调的成本(Neeley et al.,2018)。此外,普遍的社会信任能够助力企业在融资活动中战胜其面临的制度障碍。因此,来自高信任度地区的企业能够以更低的成本获得更多的银行贷款,为合作创新提供资金支持(Moro et al.,2013)。

知识和信息共享对于实现不同组织和部门之间的有效合作很重要,区块链技术是专门针对弱信任条件下多主体之间信息共享问题而提出的,区块链技术采纳和应用则会通过改变企业数据共享和治理机制影响企业合作创新(Pan et al.,2020;Upadhyay,2020)。在具有竞争关系的企业间开展研发合作可能会使竞争对手公司更具竞争力,存在意想不到的知识溢出风险,这可能阻碍知识分享和创造方面的合作(Ritala,2012)。同时,企业间同质化竞争关系会鼓励合作伙伴增加对关系租金的剩余索取权,而不是集中于合作产生租金,甚至会刺激合作伙伴试图竞争掉对方在关系租金中的份额(Lavie,2007)。区块链应用能够凭借智能合约的应用清楚界定链上合作伙伴责任和义务,降低机会主义行为,提高创新绩效。在高度相互依赖的联盟中,非正式的治理机制更有效,而且更不易分解(Dyer et al.,2018)。在这种关系中,使用区块链技术的数据安全性赋予了节点更高的信誉(Chen,2018)。来自安全性的信誉为应用区块链技术的企业带来的"信号效应",会吸引更多优质合作伙伴参与到与该企业的合作创新活动。同时,区块链应用所需的信息基础设施建设也会倒逼企业加速生产运营信息化,通过反复迭代加速合作企业之间的信息流动并进一步降低知识共享转移成本(Neeley et al.,2018)。

2.3 企业区块链应用与供应链金融

长期以来,由于供应链下游的小微企业缺乏完善的内控体系以及体现公司经营情况的财务报告,对于金融机构而言自身风险和尽调成本较高。同时其发展前景不确定,信用度较低,抗风险能力差,金融机构不得不为潜在的风险提高定价,这也相应增加了小微企业的融资成本。如何盘活核心企业开立的应收账款,改善小微企业融资难问题已经成为我国经济高质量发展的重要问题。供应链金融,是指通过整合"产—供—销"链条上的所有资源,对供应链中核心企业以及上下游企业提供全面的金融产品和服务,从而达到降低供应链企业融资成本,并提高整个供应链竞争能力的目的。早前文献指出供应链金融的实现与信息技术能力密不可分(Liebl et al.,2016;Martin et al.,2017)。供应链运行环境中包含了市场、技术、政治等复杂信息,因此企业需要建立有效的信息处理系统以有效管理供应链中存在的风险(Fan et al.,2017)。近年来,很多大型企业通过自建平台的方式将开立的应收账款转化为在供应链金融平台上流通的数字化债权凭证,实现了应收账款在内部多级供应商之间的拆分流转。

然而,数字化债权凭证只能在供应链金融平台内部流通,只有在票据到期兑付时才能把债权转化为可以在市场中流通的资金,未到期的应收账款只有通过保理融资进行折价贴现。越来越多的学者专家已经意识到以银行为主体的金融服务确实无法解决小微企业融资难融资贵问题,西方国家在长期发展过程中也已经达成共识,传统供应链平台上的小微企业最好通过订单或票据融资以及贷款的流动性重置等融资方式,而活跃的资本市场才是科创型小微企业融资的主渠道。但是核心企业自主搭建的供应链金融平台由于业务逻辑设计不当以及技术防护不足导致信息安全内控漏洞,所以多数局限在核心企业及其供应商内部小范围使用。平台对象局限于核心企业、供应商和金融机构,未能涉及审计机构、行业协会、政府等职能部门,这必然影响供应链平台可能提供的风险预警和事前预防职能。

基于此,应收账款等流通性较差的真实资产转化为可以在二级市场上交易流通的数字资产需要建立以分布式账本为基础的安全可靠监管框架,通过区块链上数据不可篡改和不可伪造的技术特征,实现应收账款等明晰产权的低流动性资产向数字资产转换的新型融资路径。从会计学角度,区块链技术能够将数据区块按照时间顺序以链表方式组合成特定数据结构,使得数据难以伪造篡改,且可以追溯和容易审计。在较为理想情况下,在同一区块链平台上对接业务的企业能够通过分布式账本自动实现两两对账,在保证准确性的同时大大节约了审计成本。

目前供应链金融的研究主要包括两个研究分支:从融资驱动视角出发的文献主要关注金融机构如何盘活应收账款,为企业提供短期现金流;从供应链驱动视角出发的文献主要关注应收账款、存货以及固定资产融资如何优化资本使用效率。在过去的十年当中,关于供应链金融如何优化供应链运营资金和减少供应商违约风险的文献逐渐增多,主要包括供应链金融贸易信贷政策下的库存模型、贸易信贷政策下的存货决策、补货决策和延迟付款决策权衡以及供应链融资服务的角色(Xu et al.,2018)。也有一些学者从理论框架(Jia et al.,2020;Gelsomino et al.,2020)、公司业绩(杜军 等,2019;杜强 等,2019)、风险识别(李健 等,2019;匡海波 等,2020)以及机构管理(谭喻萦 等,2020;Yoon et al.,2016;Stekelorum et al.,2020)等方面考察供应链上下游企业的市场策略和管理模式。学术界目前对供应链金融的研究主要停留在理论层面,从技术创新角度开展的经验研究还相对较少,尤其缺乏围绕区块链技术增信企业应收账款的经验研究。例如邓爱民和李云凤(2019)指出基于区块链的供应链“智能保理”业务模式及博弈分析,但并未对核心企业应收账款如何转换为数字化资产提供一种可复制、可推广的路径及理论指导。其次,区块链应收账款增信的研究主要集中于供应链内部,对于股权交易、企业资本融资等绿色金融的设想不足,难以真正发挥好市场化工具。

2.4 企业区块链应用与农产品溯源

农副产品追溯系统最初是 1997 年欧盟为应对疯牛病问题逐步建立起来的,通过工业物联网、智能标签、区块链和大数据等技术支持,雀巢和达能等许多领先的食品公司都采用了溯源技术实时监控其产品质量状态(Ringsberg,2014;Sander et al.,2018)。根据贝恩咨询公司 2021 年全球可追溯性问卷调查,150 多位高级供应链管理者中有 68% 的高管认为可追溯性“非常重要或极其重要"，58％的公司尝试部署溯源系统，但只有15％的公司获得了价值。自2016年以来，我国领先的食品企业纷纷投资追溯系统，许多食品公司抱怨在实施供应链溯源系统后无法实现质量改进并获得显著经济效益，高昂的运营成本甚至拖累了他们的正常运营（Resende-Filho et al.，2012）。这种观点极大地阻碍了数字供应链溯源系统的发展。最新研究指出，农产品追溯系统的建立不足以提升企业经济效益，如果一家食品公司想要向客户提供高质量产品并通过实施供应链溯源获得经济利益，则必须在整个供应链中进行有效的质量管理（Zhou et al.，2022）。因此，需要深入探索能够即时改善供应链整体质量，进而整体提升经济绩效的溯源技术路线（Soares et al.，2017）。

农产品供应链中典型的数字溯源系统如图2-1所示，供应链溯源系统将这种内部可追溯性扩展到整个产品生命周期，将原材料种植者的数据通过制造商和零售商链接到最终消费者（Aung et al.，2014；Chen，2022）。农产品溯源过程分为两种，一是顺向跟踪，即按照农产品生命周期从上游环节跟踪到下游环节；二是逆向溯源，即从产业链的下游环节溯源到上游环节。传统的农产品追溯系统采用 B/S 网络架构，将数据存放在服务器的 Oracle、SQL 等数据库中，同时整个农产品追溯系统拥有一个中心数据库，在权威机构、政府和相关标准组织的监管下，对溯源数据进行集中管理。

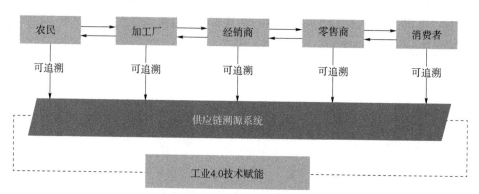

图 2-1　农产品供应链中典型的数字溯源系统

目前，区块链应用于农副产品溯源系统仍然存在几点困难：（1）在已有的区块链研究中，缺乏针对农副产品录入方式的底层模型设计；（2）即使在产品数据被加密的情况下,经销商仍然不愿意把自己的产品数据同步到区块链的其他节点;(3)传统的区块链不适合做大文件存储,原始凭证无法和产品分录存储到一起。然后结合产品记录的多农副产品多账户的特点,基于 UTXO 模型,以此作为农副产品数字化的理论依据;同时采用由私有链和联盟链组成的混合链架构解决了经销商的产品信息在保密和开放验证之间的矛盾;最后阐述了基于区块链的农产品溯源系统是如何运作的。

2.5 本章小结

综上所述,企业层面区块链应用对生产运营方面的影响主要是从区块链的技术特征出发,通过区块链技术对企业信息共享能力的提升、信息安全问题的保障和信息审计效率的提升实现的。目前大部分国外区块链相关文献主要集中在加密数字资产领域,国外研究往往将加密数字资产与传统金融资产进行比较,突出其交易过程中的金融属性,研究脉络也紧密贴合传统资本市场研究的典型话题,包括加密数字资产的影响因素、市场反应以及信息中介在其中起到的关键作用等。区块链行业应用相关文献主要集中在供应链金融领域,从融资驱动视角出发的文献主要关注金融机构如何盘活应收账款为企业提供短期现金流;从供应链驱动视角出发的文献主要关注应收账款、存货以及固定资产融资如何优化资本使用效率。学术界目前对供应链金融的研究主要停留在理论层面,从技术创新角度开展的经验研究还相对较少,尤其缺乏围绕区块链技术如何赋能资产数字化和农产品溯源的经验研究。综上所述,如何在我国数字经济发展的关键时期,探索企业区块链应用的作用机制和典型案例,为提升多主体间信息共享效率和降低信息审计的成本,进一步实现更大规模的智能化、定制化生产模式提供参考依据,为包括应收账款、商业信贷等低流动性资产提供数字化转换的新型融资路径,成为推动我国数字经济发展,实现各领域数字化优化升级的核心问题。

第 3 章
区块链产业发展现状

3.1 区块链技术赋能信息共享平台

区块链是一个高透明、不可篡改和去中心化的分布式账本。从运营上,它被设计成各个参与方达成"博弈均衡",防止参与作恶,这些特点使得区块链可以成为解决目前信息共享问题的关键。本章从区块链技术应用最为广泛的两类实践着手,即区块链技术赋能信息共享平台和基于区块链技术构建的数字金融资产,阐述区块链产业的发展现状。其中,在区块链技术赋能信息共享平台的实践方面,本章主要从支付、物流、信用领域的典型案例入手。

(1)区块链赋能网联支付平台。具体而言,非银行支付机构网络支付清算平台(以下简称"网联平台")被业界称为国内最年轻的新金融基础设施,主要通过分布式云架构体系处理支付机构发起的涉及银行账户的网络支付业务,提供统一公共的转接清算服务,实现资金清算的集中、透明和规范化运作,通过三地六中心实现高性能、高可用、高安全、高扩展以及高自主可控和高数据一致的系统全面高标准。一方面,通过建立集中化清算的金融市场基础设施,可基于网联平台清晰了解个体风险敞口,识别机构间风险关联进行风险预测,并通过多边轧差和风险分担降低交易对手的信用风险,并可采取必要的隔离措施,防止个体风险扩散。同时集中清算的支付系统和各成员机构的清算头寸也是央行货币政策传导的必要途径。直连模式下市场资金相对分散,不能及时监测资金动向,会直接影响货币政策操作的精确性和有效性。此外集中清算还可为更多宏观审慎管理政策实施提供支持,通过网联平台有效监控大额和可疑交易资金转移路径,为反洗钱反恐怖融资监管提供必要手段。未来还可基于支付机构的集中清算通路将跨境支付纳入有限额控制的银行账户体系,便于跨境资金统计监测,防止各种违规套利行为。提高行业整体生态的普惠性和公平性。

(2)推动"区块链+"物联网转型升级。根据预测,2020年全球的物联网设备数量将达到数百亿台。随着物联网中设备数量的急剧上升,服务需求不断增加,传统物联网服务模式面临巨大挑战,主要体现在数据中心基础设施建设与维护投入成本的大幅攀升,以及相关物联网业务平台存在的安全隐患和性能瓶颈等问题。为解决这些问题,不少企业或机构开始尝试设计各种新型物联网服务模式,而使用区块链技术来搭建"去中心化"的物联网业务平台已成为其中重要的模式之一。使用区块链技术搭建的物联网业务平台,是一种"去中心化"的业务平台。物联网区块链支持物联网实体(例如,物联网设备、物联网服务器、物联网网关、服务网关和终端用户设备等)在"去中心化"的模式下相互协作。在一个物联网实体上可以部署一个或多个物联网区块链节点(BoT节点)和"去中心化"应用(dApp)。物联网实体通过去"中心化"应用连接到BoT节点,进而在物联网区块链上相互协作。当物联网业务以智能合约的方式部署在物联网区块链上时,物联网设备可以在物联网区块链上通过查寻和执行相关智能合约来访问对应的物联网业务。当物联网业务部署在物联网区块链外部时,物联网设备可以通过物联网区块链查寻和执行相关辅助性智能合约以获得访问物联网业务的许可,然后与对应的物联网业务直接交互;同时,根据物联网业务的需求,物联网业务和物联网设备可以把双方交互的结果数据存储在物联网区块链上。

（3）完善数字化资产抵押与企业信用流转平台。基于区块链的数字化资产抵押与企业信用流转平台可以实现数据批量导入、线上实时自动审核和即时放款，依托区块链技术和智能合约实现远程线上电子签约和数据核查，利用物联网传感器自动采集实现无商业纠纷和无条件付款，有效地改善供应链上下游企业的资金流转和融资企业报表形象并且在一定程度上解决国资委"两金"占用考核问题以及中小企业融资难融资贵问题。一方面，该平台有助于供应商优化其盘活存量资产和优化债务结构，在核心企业信用加持的背景下，中小企业能够依托核心企业信用进行融资，消除融资优势企业和融资弱势企业基于银行信贷歧视所引致的资金配置失衡和低效现象。另一方面，该平台有助于核心企业释放更多的信用，延长账期的同时降低交易成本。同时核心企业和供应商位于供应链不同节点，常常独立进行决策，导致信息贡献度较低，企业间冲突概率增加，一些涉及供应链全局性、战略性的问题难以解决，使得整体供应链运营效率低下。核心企业和供应商在同一融资平台对接业务，有利于集零为整，提升双方共享需求信息、生产制造信息、库存信息、共同抵御需求和市场变化带来的风险。

3.2　区块链技术赋能数字金融资产

数字金融资产主要包括传统金融资产的数字化和以类比特币群为代表的加密数字金融资产。加密生态是一种新型金融业态，是整个数字金融资产体系当中一个与区块链紧密结合的重要构成部分。传统的金融服务手段信用评估代价高昂、中介机构结算效率低下、互联网金融领域监管困难。而区块链有助于解决金融数据的安全问题和金融领域的信任难题，进一步重构数字经济发展生态。

（1）传统金融资产数字化。传统金融资产的数字化主要以资产证券化（ABS）为代表，能够有效解决资产生成链条长，信息不透明，真实性存疑的痛点。通过区块链技术，包括资产方、信托机构、发行机构、律所、会计师事务所、评级机构和机构投资人在统一平台上,依托底层资产信息、信托计划信息、券商财务信息及法律意见书、评级信息、数字签名实现资产明细实时变动。区块链技术能够实现自动账本同步和审计功能,极大地降低了参与方之间对账成本,解决信息不对称的问题,利用智能合约功能实现款项自动划拨,资产循环购买和自动分配收益等功能。此外,区块链技术应用使得金融债权资产转让效率大大提高,流动性需求与资产转让时效不匹配的问题得到有效解决,提升证券交易的高效和透明度,降低增信环节的转移成本。对投资方而言,全流程解决方案降低了 ABS 产品对应底层资产的信用风险,丰富了投资收益来源并减少了投后管理成本;对资产方而言,全流程解决方案进一步拓宽了融资渠道,降低了融资成本和风控运营成本,促进了信贷业务管理流程标准化,缩短了融资交易周期。对服务方而言,降低了投后管理的人力成本投入,使得资金分配流程更加高效。

（2）加密金融资产。加密金融资产则主要涉及加密金融生态 DeFi,包括加密数字货币的场外交易、借贷、托管等业务(例如比特币质押借贷和互换业务)。以太坊 DeFi 被认为是应用最为广泛的加密生态系统,通过运行在公有区块链上的智能合约,实现借贷、交易、保险等金融功能,为全球各地任何有互联网连接的人开放无差别的金融服务。从产品、市场、利率和抵押、去中心化程度、流动性、资金和影响力以及其最大价值主张等七个维度比较,主要有六大加密货币借贷项目：① Compound 高效高流动性,低保证金贷款;②Dharma固定利率、固定期限和高安全性的小额贷款;③BlockFi 以用户加密货币为抵押的法币贷款;④Nexo 以用户加密货币抵押的法币产生信用额度;⑤Maker以稳定币支持的加密货币借贷实现解决方案;⑥Nuo 加密货币借贷的去中心化债务市场。

值得一提的是,加密金融生态领域的新型项目还有 NFT、流动性挖矿和股权代币业务：其中 NFT(Non-fungible Toke)是指非同质化代币,即以代币的形式将所有权证书附加到数字产品上。比如 NBA Top Shot 球星卡记录了每个球星的精彩时刻,可以在收藏者之间进行交易。除了交易和收藏功能,用户未来还可通过手中球星卡的 NBA 球员组队进行比赛,该项目的发行得到了市场大量关注。股权代币服务指的是在股票交易所上市的股票能够以代币形式在加密数字货币交易所进行交易，比如币安交易所近日上线的特斯拉股票代币，币安上的每个 TSLA 代币将代表特斯拉股票的一股。股票代币以稳定币的形式进行定价和结算，使投资者可以直接从全球最大的加密交易所按交易量交易加密资产和传统资产。流动性挖矿是指 DeFi 项目将项目代币分配给流动性提供者，通过经济激励吸引用户参与的模式。流动性挖矿常见于借贷、DEX 以及聚合理财协议中。项目方可以凭借流动性挖矿解决用户获取困难的问题，比如 Compound 开启流动性挖矿一周内吸引了 5 亿美金新增锁仓价值，不仅将 DeFi 总市值推向新高，也一举超越了 Maker Dao 成为龙头。

3.3 区块链技术赋能工业元宇宙

包括 VR／AR、物联网、区块链等技术在内的工业元宇宙发展为供应链去中心化提供了可能。元宇宙的概念于 1992 年由科幻小说家尼尔·斯蒂芬森 (Neal Stephenson)在小说《雪崩》中提出，即人们以虚拟形象在三维空间中与各种软件进行交互的世界。传统实体经济下的信任网络主要基于公司或个人主体的承诺凭证和归属关系建立，在信息不对称和委托代理问题的影响下往往会带来核心知识泄漏的风险和机会主义行为，极大地抑制供应链上下游资金往来和使用效率以及企业间的知识储备和流动水平(Pan et al.，2020)。依托工业元宇宙技术的数据共享和加密特征，传统工业生产模式得以从完全自生产阶段进入去中心化生产阶段：在分布式生产阶段，厂商不再是产品和服务的唯一生产方，而是与包括供应商和客户在内的供应链其他参与者共同完成生产。更重要的是，Web 3.0 生态下的工业元宇宙能够赋能具有可分解性、共享性权利的新型数字资产生态系统，企业得以在虚拟工厂生产线中完成包括虚拟装备、虚拟零部件在内的数据仿真和自动控制的在线调试(Schmidt，2019)。因此，元宇宙为远程维护和规范培训的降本增效提供了闭环路径，对优化后端项目实施和提升投入运营效率具有显著作用(Pamucar et al.，2022)。现有研究往往聚焦于元宇宙的技术特征和概念框架(Dincelli 和 Yayla),分析虚拟现实技术在媒体营销和电子商务等领域的应用(Rese et al.,2017;Mütterlein et al.,2019;Sung,2021)。关于元宇宙技术在制造业的应用前景和经济效应的文献较为少见。

元宇宙技术的崛起依托于包括大数据技术、人工智能技术、物联网技术、云计算技术、区块链技术五大技术的支撑,如图 3-1 所示。具体而言:大数据技术是支持元宇宙经济体系的基础,通过分布式账本、智能合约、共识机制等区块链技术,元宇宙去中心化的清结算平台和价值传递机制得以建立、保障价值归属与流转;云计算、边缘计算为元宇宙用户提供计算能力更强大、成本更低的终端设备;人工智能技术几乎覆盖元宇宙的所有领域,包括区块链里的智能合约、交互里的 AI 识别、智能网络和物联网的数据 AI;物联网技术承担了物理世界数字化的前端采集与处理职能,承担了虚实共生的虚拟世界与物理世界之间的渗透。

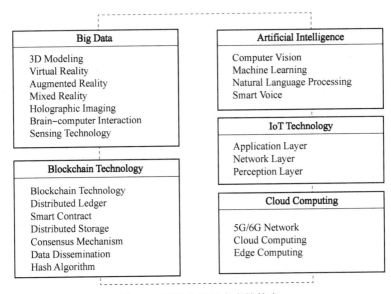

图 3-1 元宇宙的五大支撑技术

工业元宇宙的形态和服务模式随着周边技术的发展和供应链的升级转型,经历数字孪生世界、虚实协同世界、虚实互构世界三个阶段的演进过程。数字孪生世界是指充分利用物理模型、传感器感知、实时和历史数据,集成多学科、多物理量、多尺度、多概率的仿真过程,在虚拟空间中完成映射,从而反映相对应的实体物品的全生命周期过程。即现实世界的数字化是以数字化方式为真实世界建立相对应的虚拟模型,模拟其在现实世界中的行为,进而提升产品创新力、生产效率等。虚实协同世界是指利用各种智能化设备,为企业提供相应的服务。这一发展阶段主要聚焦于建立平台化的业务模式,借助各种智能设备与企业进行信息交互,将金融支付、融资、租赁、投资理财等活动与制造、采购、销售等生产活动场景进行有机结合,为企业提供一体化的产品服务。虚实同构世界是指供应链基于具备高度智能化水平的物联网设备提供服务。此阶段,具备自主决策能力的智能设备成为供应链直接服务的对象,核心就是打造以智能设备为客户的供应链,即通过提供配套的供应链服务满足工业元宇宙下企业的生产经营需求,进而极大地拓展供应链的业务形态。在每一个阶段,工业元宇宙也将分别扮演不同的角色。数字孪生阶段,智能设备是数据触点,丰富数据来源,使供应链上下游更加了解客户及其需求。虚实协同阶段,智能设备拓展为服务触点,丰富服务渠道,使供应链更好地服务客户。虚实同构阶段,智能设备将成为客户的代理,供应链直接对企业进行服务以极致化客户体验。在这一过程中,工业元宇宙技术所蕴含的正是突破组织惰性的动态能力,通过释放出组织学习、信息技术等新范式来克服企业转型的阻力,为传统供应链主体合作方式提供新的范式(Ball,2021;Zuckerberg,2021):

(1)通过物联网和5G等技术提升交互的可接入性:传统的工业化思路主要是通过大规模生产标准化的产品以满足主流客户的需求,而位于需求曲线长尾末端的需求往往被归置为"闲置资源",然而越来越多的企业开始认识到满足"长尾需求"的重要性。在5G推动下的物联网可以把任何物体与互联网相连接,进行信息交换,实现智能化的识别、定位、跟踪、监控和管理。例如,生产制造企业将主要生产设备用物联网技术实时联网后,根据每台机器的产能和运转时间可以核实订单的真实性,并且实时计算出在产品和产成品的状态和数量,从而估算出未来的销售收入和利润,为资金方提供真实可信的盈利预算数据。特别地,当消费者个性化诉求崛起的互联网商业模式逐渐形成了企业与客户通力合作的交互范式,促使顾客扮演了产品创新的"驱动者"和"参与者"的角色

（Xie et al.，2016）。在去中心化的组织模式下，这种客户参与的创新模式能够充分发挥用户的"认知盈余"（Cognitive Surplus），不仅有助于降低企业成本，而且为企业引入丰富的外部资源，产生了"聚沙成塔"的效应。

（2）通过大数据和云计算提升边缘算力向云迁移等提升可触达性：一方面，工业元宇宙技术的创新发展为互联网融资新模式的出现与繁荣提供了肥沃的土壤，从而不断满足企业活动的融资需求（Song et al.，2012）。尤其是为互联网金融的发展创造出了优越的条件，企业生产和设备运行的海量数据，基于云计算链接和存储后形成精准高效的风控模型，开放给第三方金融机构为平台上小微企业提供融资服务。通过系统管理能够有效降低运营成本，快速放款，从而节约合作伙伴融资成本。同时，安全的数据管理也能帮助平台实现与合作伙伴系统的灵活对接。更重要的是，由于设备都接入了统一平台进行经营管理调度，经由平台评估认可的企业能够进入银行融资白名单，获得更高的融资额度。另一方面，互联网能够快速、准确地传递有关企业的发展资质、产品质量、成长能力等有效信息，从而缓解信息不对称问题，为企业创新的融资扫除障碍。特别是互联网的无边界特征属性突破了信息流与资金流的地域限制，使得企业的跨境融资成为可能。供应链上企业融资约束的缓解会降低其对大型供应商的融资依赖性，尤其是在和占据优势地位的核心供应商谈判过程中获取主动，从而在资源配置和利润分配上享有优先地位。

（3）通过 Web 3.0 生态下虚拟现实和混合现实等技术提升沉浸感，VR 基于混合工作环境提供了共享和分布式的工作体验，还可以作为远程平台以减少协作所需的差旅费用，通过创新能力和交互能力的提升创造了许多降低运营成本的机会。例如远程培训成本的减低，设计失误所产生的返工维修成本以及产品缺陷外部性带来的声誉损失和时间成本（Ramesh 和 Andrews，1999），尤其是跨国贸易产生的巨额运输成本、追踪成本和验证成本的降低。

3.4　本　章　小　结

区块链技术应用最为广泛的领域是信息共享平台构建和基于区块链技

的数字金融资产。基于区块链技术的不可篡改和多方确认的技术属性,数字金融资产可以实现对传统金融资产的映射。包括 Hyperledger、EEA、R3CEV、JP Morgan IIN 和 FISCO BCOS 在内的行业联盟凭借对资产数字化、通证激励体系、价值传输网络和分布式账本的迭代,衍生出工作量证明、股权证明、联合共识、节点到节点、股权委托证明、PBFT 及其派生物等多种共识机制,拉动贸易融资、跨境支付、商票交易、数字标识、资产确权、会计核算、智能合约、掉期交易、贸易结算等多个领域的应用,全球进入以分布式经济生态(Deco)为主导的"区块链+产业"生态融合发展。伴随着数字基建持续迭代和终端设备技术突破,包括 NBA Top Shot、Axie Infinity 等现象级 NFT 产品在内的去中心化生态的蓬勃发展,ROBLOX、Meta 等游戏社交类平台纷纷建立自身的元宇宙体系。Ball(2022)将元宇宙定义为一个实时渲染 3D 大规模交互网络虚拟世界,基于数字孪生技术生成的现实世界镜像和扩展现实技术提供的沉浸式体验(Xi et al.,2022),带动产业价值挖掘和企业运转效率的改变。

第 4 章
企业区块链应用、信息化投入与
内部资本市场效率

  区块链本质为不信任或者弱信任的多个主体协作的操作系统,涵盖分布式的共享账本和数据库,具有去中心化、不可篡改、全程留痕、可以追溯、集体维护、公开透明等特点。2008 年以分布式账本为特征的区块链应用兴起,带动包括公链、私有链、联盟链相关原型及概念验证,智能合约和分布式自治组织(DAO)围绕区块链的应用探索催化了数字资产对金融生态的重构。从国家战略层面,区块链核心技术的快速发展和在关键领域的落地应用对优化资源信息整合,进而带动企业内部资本市场效率提升带来了新的机遇。值得关注的是,上市公司也在加紧区块链产业布局,不少上市公司把目光聚焦在区块链技术专利的争夺上,包括联通系、平安系、航天系和中科系在内的多家上市公司在区块链专利技术方面建立起先入优势。多个公司在年报中披露中标重要的区块链项目,个别公司的区块链业务收入对业绩提供了不小的贡献。

  区块链技术主要建立在包括底层核心平台层、平台产品服务层和应用服务层的三层结构基础上,通过底层核心平台层提供的技术服务支撑传统产业多主体间的信任,带动平台价值传递并在具体应用基础上拓展扩展了面向垂直行业的解决方案。区块链的主要技术特性在于即时共享和数据加密功能：一方面，通过区块链所建立的共识算法带动智能合约自动执行，实现信任在供应链条有效传导，降低合约自动执行和成本费用，进一步提高企业运营效率。另一方面，区块链技术建立的风险信息共享机制能够有效改善敏感数据易泄漏等问题，有效激励各成员机构参与信息共享进一步提升共享效率。但现有区块链项目共识机制都包含潜在问题且前期投入成本较高，区块链应用效果难以衡量：区块链共识机制主要包括 PoS 和 PoW；其中 PoW 通过挖矿方式保证系统安全性的同时也导致系统能源消耗以及出块延迟问题，PoS 则主要依靠用户股权选择带来早期 PoS 链控制权中心化以及后续安全性问题，盲目跟进区块链应用的企业普遍是前期运营管理不佳和盈利能力较差的企业，现存的区块链应用"协同效应"显现不足。因此，本书尝试探索区块链应用程度对企业内部资本市场效率的影响。同时我国信息基础设施还有待完善，企业信息化平台建设仍然不足，需要政府和企业自身在人力和资源上持续投入，大量可信数据被隐藏在链下未能得到充分利用。基于此，本书进一步研究政府信息化补贴和企业信息化投入是否会对区块链应用与企业内部资本市场效率之间的关系产生影响。

本书可能的贡献主要体现在三个方面：第一，以往文献多将区块链技术视为一种生产要素，是企业通过创新研发得到的要素产物。但在新制度经济学的框架下，区块链技术作为一种新型生产关系作用于经济社会的发展进程中能够实现对旧有生产关系的升级迭代，推进社会各产业的创新变革。本书提出区块链应用对企业内部资本市场的影响机理，并基于区块链应用发展技术周期构建包含 4 个阶段的区块链应用评价指标，不仅从理论上梳理区块链应用对企业内部资本市场效率的影响机制，而且在实证上探究区块链应用程度对企业内部资本市场效率的影响。第二，主流范式通常在特定社会经济条件下研究企业内部资本市场效率，而忽视了内外部环境对企业区块链应用和内部资本市场效率之间关系所造成的差异化影响。本书不仅从内部治理角度探讨企业信息化投入对区块链应用和企业内部资本市场效率的作用过程，而且基于外部环境视角探索政府信息化补贴对该过程的调节作用，从而为诠释企业内部资本市场的运作机制找到了新的经验证据。第三，本书发现区块链应用对企业内部资本市场效率的改善作用在内部治理更强的企业样本中更为显著。此外，本书发现区块链应用扩大了企业盈余管理空间，加重了企业管理费用上升。这些结果说明数据信任能够帮助企业集团发挥内部资本市场积极作用，但也要注意防范区块链应用过程中的代理问题，尤其是对企业管理费用所造成的负面影响，这对政府部门培育和区块链产业优化均有重要意义。

4.1　理论推导与假设提出

相关研究主要从三个方面展开：一是研究区块链应用程度与企业内部资本市场效率之间的关系；二是分析信息化投入对区块链应用程度与企业内部资本市场效率之间关系的影响。三是检验内部治理对区块链应用程度与企业内部资本市场效率之间关系的影响。

内部资本市场指集团内部各主体围绕资金展开的竞争性活动（Alchian，1969；Williamson，1975），基于交易成本理论，环境的不确定性和有限理性会导致不完全契约和决策低下，引发机会主义问题并带来额外交易成本（Williamson，2002）。从企业内部决策角度考虑，企业在生产运营管理过程中会受制于企业内外部和分部之间信息不对称，导致管理层的代理问题日益严峻。同时，管理者只能基于企业现状和外部环境的有限认知对企业未来发展进行判断，致使其做出与企业最优路径相违背的管理决策，降低了企业内部资本市场效率。区块链技术是专门针对弱信任条件下多主体之间信息共享问题而提出的，因此区块链技术特征具备直接影响内部资本市场多主体信息共享过程的能力。具体而言，区块链本身的技术特征包括密码学、分布式计算和博弈论，这三者分别能够借由提升内部信息质量、优化信息共享效率和实现信息安全保障三个方面，更好地帮助管理层抑制自利动机和提升决策能力，改善企业内部资本市场效率。

首先，密码学在区块链中的应用能够保障内部信息安全。区块链平台凭借数字签名和哈希函数安全地传输企业生产运营和财务信息进而保证交易的真实性和可验证性,能够保证记录在区块链上的信息将持久存在、不可篡改,限制了管理层的自利与自大倾向,约束大股东出于自利而采取的投机行为,规范资源信息的合理利用,带动企业内部资本市场效率提升。其次,分布式计算在区块链中的应用能够改善内部信息质量。区块链平台基于"代码规则"的安全协作可以实现多方确认条件下的信息共享和履约保障,上链各企业间以及企业内各部门的生产运营及销售信息能够实现多方验证和即时同步,管理层能够凭借质量更高的信息作为决策参考,带动其日常运营过程中决策能力提升,改善企业内部资本市场效率(Hofmann et al.,2017)。再次,博弈论在区块链中的应用能够提升内部信息共享效率。给予激励使得上链主体参与记账和维护整个网络,有利于缓解集团内部主体之间信息不对称问题,更大程度带动供应链上下游共享需求信息、生产制造信息、库存信息,提高资金往来和使用效率,共同抵御市场变化带来的风险,促进企业内部资本市场效率的提升。综上提出如下假设。

假设 H_1:整体而言,区块链应用程度与企业内部资本市场效率呈现出正相关关系,即区块链应用促进企业内部资本市场效率提升。

进一步,在目前中国企业区块链应用实践中,具体采用的技术方案需要就该主体的信息化水平制定,或者说该主体信息化程度高低直接决定了其区块链应用水平的上限。较高的信息化投入意味着该企业可能具有相对较高的信息化水平,是企业主体实现区块链应用的必要基础。企业进行信息化投入的初衷往往是建立企业信息化平台以提高企业的生产运营效率,降低运营风险和成本,从而提高企业整体管理水平和持续经营的能力。然而传统信息化平台的数据产出趋于扁平化且可比性较差,难以为风险评估和项目决策提供多维度、高频率和可验证的数据依据。同时,传统企业信息化平台基础硬件设施配置较低、数据兼容性较低,无法满足工业 4.0 时代下智能化、定制化、数字化的产品与服务新生产模式要求。通过区块链应用与企业信息化平台结合能够有效连接分布式制造资源、实现多方确认的资产生命周期管理以及增加供应链的数据共享程度,为智能工厂和大规模定制提供基础。具体而言,区块链应用效果对企业信息化平台具有显著的依赖性。

首先,企业信息化投入能够通过影响企业信息化基础设施水平决定区块链应用所能贯穿的生产运营维度。区块链平台每个时间当前区块都与之前发生的所有交易有所关联,且交易数据需要凭借非对称加密技术实现多方同步验证,对企业信息化平台的数据存储空间及硬件水平要求较高。企业信息化投入越高,企业信息化平台越能为区块链平台的技术设计和应用开展提供更多可能性,协同区块链应用改善企业合作伙伴和企业内各分部之间信息流动效率,通过改善企业信息不对称程度进一步提升企业内部资本市场效率。以信息化为表现的企业知识管理的系统将成为转型升级企业发展的保障。

其次,信息化投入能够通过影响企业信息化平台运营效率为区块链应用提供可信赖且稳定的外部环境。企业面临的常是一个充满不确定、不发达和挑战性的商业环境(Gao et al.,2017)。通过企业信息化平台建设可以实现对企业内部多元化和复杂化组织形态和管控模式的有机整合。企业信息化投入越高,企业信息化平台在处理复杂组织管理流程上能够提供更多优势,为区块链应用构建更加可信稳定的信息环境,协同区块链应用降低企业内部与合作企业委托代理问题,限制管理层的自利与自大倾向,约束其出于自利而采取的投机行为,规范资源信息的合理利用,带动企业内部资本市场效率进一步提升。因此,本书提出如下假设。

假设 H_2:信息化投入会促进区块链应用程度与企业内部资本市场效率之间的正相关关系。

4.2 研 究 设 计

4.2.1 数据来源与样本选择

本书采用沪深两市 A 股主板上市公司 2016—2019 年的数据,并进行如下筛选:①剔除金融保险业上市公司;②剔除其他数据缺失的样本公司,最终获得3 957

个样本观测值。对主要连续型变量在上下 1% 处进行 Winsorize 处理以排除异常值干扰。同时,在所有回归中对标准误进行公司维度的 Cluster 处理以控制潜在自相关问题,数据来自国泰安(CSMAR)和中国研究数据库(CNRDS)。

本书通过数据挖掘技术获取各大上市公司股吧问答中官方发言人就区块链应用全部答复文本,根据其回应内容人工判断和划分其所属上市公司区块链应用阶段:①需求阶段(Idea):官方回应企业具备区块链相应技术储备,尝试组建区块链研究团队或与其他团队订立合作协议则将其归为需求阶段。②研发阶段(Research et al.):企业成立区块链研究院或实验室等研究机构并且在区块链领域研究中取得进展。③应用阶段(Application):企业在区块链研发过程中推出基于区块链的服务平台或应用解决方案。④规模应用阶段(Mass productivity):企业推出的区块链服务平台或应用解决方案得到大规模推广使用。最终得到上市公司区块链应用阶段变量和企业是否应用区块链哑变量。

4.2.2 研究模型

本书设置了以下实证模型以验证研究假设:第一,为了检验区块链应用对企业内部资本市场效率的影响,本书借鉴了 Berkowitz et al.(2015)建立模型(4-1)进行检验。其中,采用企业关联交易指标、经营现金流指标、盈余管理指标和企业多元化指标度量内部资本市场效率,关键解释变量为区块链应用阶段和区块链应用哑变量。预期区块链应用程度 β_1 的系数为正,即区块链应用能够有效提升企业内部资本市场效率。在回归分析过程中,加入影响企业内部资本市场效率的主要控制变量。主要模型如下:

$$
\begin{aligned}
\mathrm{CT}_{i,t} = {} & \beta_0 + \beta_1 \mathrm{Phrase}_{i,t} + \beta_2 \mathrm{Cashflow}_{i,t} + \beta_3 Q_{i,t} + \beta_4 \mathrm{Tangibility}_{i,t} + \\
& \beta_5 \mathrm{Size}_{i,t} + \beta_6 \mathrm{Lev}_{i,t} + \beta_7 \mathrm{Block}_{i,t} + \beta_8 \mathrm{Independence}_{i,t} + \\
& \beta_9 \mathrm{State}_{i,t} + \mathrm{Industry} + \mathrm{Year} + \varepsilon_{i,t} \quad\quad (4\text{-}1)
\end{aligned}
$$

$$
\begin{aligned}
\mathrm{Cashflow}_{i,t} = {} & \beta_0 + \beta_1 \mathrm{Phrase}_{i,t} + \beta_2 Q_{i,t} + \beta_3 \mathrm{Tangibility}_{i,t} + \beta_4 \mathrm{Size}_{i,t} + \\
& \beta_5 \mathrm{Lev}_{i,t} + \beta_6 \mathrm{Block}_{i,t} + \beta_7 \mathrm{Independence}_{i,t} + \beta_8 \mathrm{State}_{i,t} + \\
& \mathrm{Industry} + \mathrm{Year} + \varepsilon_{i,t} \quad\quad (4\text{-}2)
\end{aligned}
$$

4.2.3 变量定义

（1）区块链应用程度的衡量。本书中上市公司是否应用区块链技术的判断标准是上市公司或其集团内关联公司是否参与区块链研发和应用。学术界关于区块链应用程度的量化指标远未形成公论，本书依据区块链技术应用周期将上市公司区块链应用阶段划分为①需求阶段；②研发阶段；③应用阶段；④规模应用阶段。

（2）企业内部资本市场效率的衡量。这里采用企业集团内部资金往来程度（黄志忠 等，2014）和企业经营现金流量度量企业内部资本市场效率（阳丹和徐慧，2019）度量企业内部资本市场活跃程度。

（3）信息化投入的衡量。这里将信息化投入区分为政府信息化补贴和企业信息化投入，其中政府信息化投入采用企业获得政府科技相关补贴金额衡量，企业信息化投入采用企业研发投入中信息化投入金额衡量。

（4）控制变量。根据已有研究（Berkowitz et al.，2015），在回归分析过程中加入公司特征及区域经济因素方面控制企业内部资本市场效率的影响因素，包括公司规模、财务杠杆、固定资产比例、国有产权性质、董事会独立性、公司成长性等。同时还控制了行业和年度固定效应。表 4-1 所示为模型中各变量的含义。

表 4-1　模型中各变量的含义

变量名称	变量代码	变量含义
内部资本市场效率	CT	企业内部资金往来程度：关联方应付金额加应收金额取自然对数
	Cashflow	年末企业经营活动现金流量
区块链应用程度	Blockchain	虚拟变量，第 t 年是否应用区块链技术，是取 1，否则取 0
	Phrase	区块链技术处于应用周期的具体阶段：处于需求阶段则取 1，处于研发阶段则取 2，处于应用阶段则取 3，处于规模应用阶段则取 4

变量名称	变量代码	变量含义
信息化投入	Govgrants	年末企业获得政府科技相关补贴金额
	Infoex	年末企业研发投入中信息化投入金额
公司成长性	Q	企业股权市场价值和负债账面价值之和除以总资产账面价值
固定资产比例	Tangibility	年末固定资产除以年末总资产
公司规模	Size	年末总资产取自然对数
财务杠杆	Lev	年末总负债除以年末总资产
两权分离	Block	年末大股东持股比例
董事会独立性	Independence	年末独立董事比例
国有企业	State	虚拟变量,企业是否为国有企业,是取1,否则取0

资料来源:本书整理。

4.3　实证结果分析

4.3.1　描述性统计

上市公司区块链应用情况及年度划分的样本分布如表4-2所示。可以看出尝试应用区块链技术的上市公司数量自2016年(102家企业)逐年提升,自2018年呈现突破性增长并于2019年达到628家上市公司。在所有尝试应用区块链技术的上市公司中,处于研发阶段的上市公司所占比例最大,共有344家上市公司。此外,实现区块链大规模应用的上市公司仍然较少(总计18个企业年度观测值)。通过国家知识产权局政务服务平台专利检索查询可知,2018年至2019年全国区块链专利申请数量远超历年,分别达到6 151件和6 568件,其中上市公司申请专利数量总计1 871件,占总体区块链专利申请数量的12.7%。此外,不同年份区块链申请的领域也有所不同,2015 年以前区块链专利主要基于底层技术(如点对点网络和共享密钥),2016 年至 2018 年则逐渐从浅层次应用转向涵盖智能合约等深层次应用的专利研发。

表 4-2　上市公司区块链应用情况及年度的样本分布

按区块链应用程度划分:

年度	应用公司总计	需求阶段	研发阶段	应用阶段	规模应用阶段
2016 年	102	33	32	11	1
2017 年	93	24	35	21	1
2018 年	343	75	104	64	7
2019 年	628	119	173	146	9
总计	1 166	251	344	242	18

按区块链专利数量划分		按区块链专利特征划分	
年度	全国申请数量	上市公司申请数量	年度	专利关键词
2016 年	474	31	2015 年以前	点对点网络、共享密钥
2017 年	1 536	216	2016—2018 年	数字资产、数字签名、验证节点
2018 年	6 151	745	2019—2020 年	物联网、溯源、加密数据
2019 年	6 568	879	区块链专利申请数量排名(前六):	
总计	14 729	1 871	腾讯科技	925
			阿里巴巴	824
			爱摩瑞策	331
			中国联通	278
			深圳壹账通	240
			平安科技	230

资料来源:本书整理。

模型中涉及主要变量描述性统计如表 4-3 所示。对全样本统计结果显示,当 Blockchain 等于 0(企业未涉及区块链应用)时,企业集团内部资金往来程度最小值为 0。当 Blockchain 等于 1(企业涉及区块链应用)时,企业集团内部资金往来程度最小值为 14.01,说明区块链应用能够显著促进企业内部资本往来。

表 4-3 单变量描述性统计

变量	观测值	平均值	标准差	最小值	50%分位值	最大值
CT	3 957	20.55	2.44	0.00	20.80	31.66
Cashflow	3 957	19.23	1.74	9.88	19.22	26.58
Q	3 957	1.87	1.71	0.12	1.36	10.42
Tangibility	3 957	0.21	0.16	0.00	0.17	0.85
Size	3 957	22.43	1.31	18.28	22.27	28.51
Lev	3 957	0.43	0.20	0.01	0.41	1.65
Block	3 957	0.34	0.14	0.00	0.32	0.89
Independence	3 957	0.38	0.06	0.23	0.36	0.75
State	3 957	0.02	0.14	0.00	0.00	1.00

	Blockchain	方差		最小值		均值		最大值
CT	0	2.51		0.00		20.52		31.66
	1	2.22		14.01		20.47		27.78

资料来源:本书整理。

4.3.2 相关性分析

本书还对主要变量进行了相关性分析,结果如表 4-4 所示。企业区块链应用与内部资本市场之间的相关系数为 0.014,在统计上并不显著。其他主要变量的相关系数基本上小于 0.5,表明模型变量选取较合理,回归模型的变量之间没有严重的多重共线性问题。

表 4-4 主要变量的相关性分析

	(1)	(2)	(3)	(4)	(5)	(6)	(7)	(8)	(9)	(10)	(11)	(12)
(1) CT	1											
(2) Phrase	0.014	1										
(3) Govgrants	0.058a	-0.029c	1									
(4) Infoex	0.001	0.028c	0.002	1								
(5) Cashflow	0.503a	0.018	0.036b	0.01	1							
(6) Size	0.655a	-0.003	0.046a	0.006	0.744a	1						
(7) Q	-0.251a	0.006	-0.026a	0.012	-0.261a	-0.387a	1					
(8) Age	0.308a	-0.058a	0.238a	-0.029c	0.236a	0.326a	0.021	1				
(9) Lev	0.198a	-0.010	0.014	-0.005	0.141a	0.102a	-0.049	0.097a	1			
(10) Tangibility	0.071a	-0.107a	0.025	-0.054a	0.119a	0.086a	-0.063	0.07a	0.006	1		
(11) Block	0.127a	-0.095a	-0.050a	-0.044a	0.220a	0.210a	-0.089a	-0.019	0.026c	0.127a	1	
(12) State	-0.007	-0.014	0.029c	-0.014	0.038b	0.054a	-0.033b	0.114a	0.017	0.048a	0.024	1

注：a、b 和 c 分别代表在 1%、5% 和 10% 的水平下显著（双尾）。

资料来源：本书整理。

4.3.3 回归分析

本书假设检验分为两个步骤：首先，验证区块链应用程度对企业内部资本市场效率的影响；其次，验证信息化投入对区块链应用和企业内部资本市场效率之间关系的影响，其中包括企业信息化投入和政府信息化补贴分别对区块链应用和企业内部资本市场效率之间关系的影响。

1. 假设 H_1 的检验：区块链应用对企业内部资本市场效率的影响

为了检验假设 H_1，本书参考 Berkowitz et al.(2015)作为基准模型进行改进。在模型中控制了 CSRC 标准下的制造业细分行业固定效应和年份固定效应，按公司聚类回归，以提高回归结果的稳健性。从表 4-5 第(1)列可以看出 Phrase 系数为 0.147，且在 5% 的水平上显著，说明公司区块链应用程度越高，企业内部资本市场活跃程度越高。第(2)列中 Phrase 的系数为 0.105，且在 5% 的水平上显著，说明企业区块链应用能够促进企业经营性现金流提升，验证了本章的假设 H_1。

表 4-5 区块链应用对企业内部资本市场效率的回归结果

变量	(1) 内部资本市场活跃度	(2) 经营性现金流
Phrase	0.147 **	0.105 **
	− 2.07	− 2.45
Size	1.095 ***	1.032 ***
	− 22.68	− 48.16
Q	− 0.024	0.028 **
	(− 1.55)	− 2.40
Age	0.038 ***	0.002
	− 4.57	− 0.47
Cashflow	0.035	
	− 0.82	

续 表

变量	(1) 内部资本市场活跃度	(2) 经营性现金流
Lev	1.777 ***	0.276 ***
	−9.09	−3.68
Tangibility	0.27	0.619 ***
	−1.13	−4.37
Block	0.179	0.725 ***
	−0.66	−4.75
State	−0.740 ***	−0.051
	(−3.13)	(−0.38)
Constant	−7.949 ***	−4.370 ***
	(−8.29)	(−8.57)
Industry	已控制	已控制
Year	已控制	已控制
N	3 957	3 957
Adj.R2	0.472	0.613

注：*** 、** 、* 分别表示在 1%、5%和 10%的水平上显著。

资料来源:本书整理。

2. 假设 H₂的检验:信息化投入对区块链与企业内部资本市场之间关系的影响

为了检验假设 H₂,将信息化投入区分为政府科技相关补贴和企业信息化研发投入分别检验企业信息化投入和政府信息化补贴对区块链应用与企业内部资本市场之间关系的影响。结果如表 4-6 所示,从表 4-6 第(2)列可以看出,Phrase 的系数为 0.346,且在 10%的水平下显著,第(1)列中 Phrase 的系数不再显著,说明相比企业信息化投入较低的样本,在企业信息化投入较高的样本中区块链应用显著促进了企业关联交易活跃程度。结果说明从内部资本市场活跃度而言,企业信息化投入能够促进区块链应用对企业内部资本市场效率的提升。对于第(6)列企业信息化投入较高的样本,Phrase 的系数为 0.535,且在 10%的水平下显著,对于第(8)列政府科技相关补贴较高的样本,Phrase 的系数为 0.623,且在 1%的水平下显著。同时从表 4-6 第(5)列和第(7)列可以看出,Phrase 的系数不再显著,这意味着从经营性现金流的角度,政府补贴和企业信息化投入能够促进区块链应用对企业内部资本市场效率的提升。

表 4-6　信息化投入的分组检验结果

变量	内部资本市场活跃程度(1~4)				经营性现金流(5~8)			
	(1) 无投入	(2) 有投入	(3) 无补贴	(4) 有补贴	(5) 无投入	(6) 有投入	(7) 无补贴	(8) 有补贴
Phrase	0.125	0.346*	0.126*	0.272**	0.022	0.535*	0.021	0.623***
	−1.23	−1.76	−1.77	−2.06	−0.66	−1.85	−0.63	−4.68
Size	1.080***	0.488**	1.082***	0.925***	1.028***	1.027***	1.028***	0.935***
	−33.52	−2.12	−33.16	−8.34	−58.28	−3.58	−57.91	−8.47
Q	0.007***	0.093	0.008***	0.001	0.019***	−0.009	0.019***	−0.015
	−3.73	−0.51	−3.79	−0.01	−3.14	(−0.08)	−3.15	(−0.13)
Age	0.031***	0.056	0.031***	0.046	0.003	−0.101	0.002	0.049
	−5.16	−1.43	−4.95	−0.7	−0.92	(−1.45)	−0.7	−0.99
Lev	0.001	3.403**	0.001	1.493***	0.115***	−0.085	0.112***	0.421
	−0.3	−2.48	−0.27	−6.24	−4.33	(−0.08)	−4.33	−1.37
Tangibility	0.374	−4.262**	0.41	−0.862	0.686***	3.293	0.709***	0.488
	−1.44	(−2.25)	−1.55	(−1.00)	−5.18	−0.93	−5.28	−0.73
Block	−0.291	4.051**	−0.321	0.991	0.624***	3.449	0.619***	1.429*
	(−1.08)	−2.24	(−1.17)	−1.22	−4.38	−1.02	−4.29	−1.88
State	−0.528**	0.512	−0.492**	−1.765***	−0.148		−0.174	0.215
	(−2.22)	−0.77	(−2.01)	(−3.36)	(−1.19)		(−1.35)	−0.48
Constant	−4.465***	3.351	−4.487***	−6.899**	−4.898***	−3.884	−4.521***	−3.875
	(−5.89)	−0.87	(−5.88)	(−2.23)	(−11.86)	(−0.68)	(−9.13)	(−1.53)
Industry	已控制	已控制	已控制	已控制	已控制	已控制	已控制	已控制
Year	已控制	已控制	已控制	已控制	已控制	已控制	已控制	已控制
N	3,888	69	3,657	300	3,923	34	3,810	147
Adj.R2	0.262	0.772	0.26	0.455	0.616	0.752	0.619	0.538

注:***、**、*分别表示在 1%、5%和 10%的水平上显著。

资料来源:本书整理。

4.3.4 稳健性检验

为了进一步确证本书的主要发现,可以从如下方面进行稳健性检验:第一,采用倾向得分匹配法处理潜在的伪回归问题;第二,基于制造业企业样本进行实证检验;第三,采用 Tobit 模型研究企业区块链应用对内部资本市场效率的影响;第四,采用区块链应用哑变量替换区块链应用阶段指标。

1. 采用倾向得分匹配法处理可能存在的伪回归问题

为了改善模型可能存在的伪回归问题,更好地检验区块链技术对企业内部资本市场的影响,本书在稳健性检验中使用了 PSM 模型进行实证检验以降低选择性误差,匹配后剩余 415 家企业总计 430 个公司年度观测值。首先,将观测期内应用区块链的企业作为处理组,将未应用过区块链的企业作为控制组。本书基于最优临近匹配法为处理组中的每个样本选择匹配样本构成对照组。在剔除未被匹配进对照组企业的所有观测并完成匹配后,在留存样本中重新进行主要检验,表 4-7 汇报了匹配前后的 Probit 模型回归结果。表 4-8 汇报了匹配前后处理组和控制组的协变量差异。从表 4-8 可以看出匹配后(M)所有变量的标准化偏差小于 10%,而且 t 检验结果不能拒绝处理组与控制组无系统性差异的原假设。匹配后大多数变量的标准化偏差大幅降低。基于 PSM 模型的回归结果如表 4-9 所示,可以看出 Phrase 的系数均显著,主要实证结论保持不变。

表 4-7 匹配前后 Probit 模型估计结果

	匹配前 模型 1	匹配后 模型 2
Size	0.333***	0
	−10.25	−0.01
Tobin	0.02	0.03
	−1.5	−0.97
Age	0.057***	0.008
	−13.53	−0.78

续 表

	匹配前 模型 1	匹配后 模型 2
Cashflow	−0.012 (−0.51)	−0.009 (−0.16)
Lev	0.032 −1.13	0.049 −0.27
Tangibility	1.080*** −7.22	−0.475 (−0.93)
Block	1.501*** −8.13	0.443 −0.98
Independence	−0.387** (−2.25)	0.273 −0.35
State	−9.940*** (−18.79)	−0.076 (−0.06)
_cons	0.032 −1.13	0 −0.01
观测值	3 957	430

注:*、**、***分别代表的是在10%、5%、1%的水平上显著。

资料来源:本书整理。

表 4-8　匹配前后变量标准化偏差及两组间差异情况

协变量	平均值		t 检验		MSB/%	
	处理组	控制组	t	p>t	匹配前	匹配后
Size	22.188	22.206	−0.16	0.87	0.1	−1.4
Tobin	2.247	2.16	0.7	0.48	9.1	4.5
Age	8.79	9.257	−0.82	0.41	7.2	−7.3
Cashflow	18.986	18.907	0.56	0.57	0	4.9
Lev	0.433	0.425	0.33	0.74	3.9	2.5
Tangibility	0.116	0.112	0.33	0.73	−7.7	3.1
Block	0.252	0.261	−0.88	0.37	7.4	−7.8
State	0	0.004	−1	0.31	5	−5.8

资料来源:本书整理。

表 4-9 区块链应用对企业内部资本市场效率的回归结果

变量	(1) 内部资本市场活跃度	(2) 经营性现金流
Phrase	0.157** −2.16	0.096* −1.81
Size	1.118*** −7.95	1.066*** −18.47
Q	−0.065 (−1.29)	0.036 −1.15
Age	0.008 −0.43	0.007 −0.65
Cashflow	0.064 −0.94	
Lev	1.873*** −3.35	0.588*** −4.23
Tangibility	−0.045 (−0.04)	0.367 −0.64
Block	−0.597 (−0.77)	0.258 −0.48
State	−0.004 (−0.01)	−0.778 (−1.40)
Constant	−7.055*** (−2.86)	−6.466*** (−3.58)
Industry	已控制	已控制
Year	已控制	已控制
N	430	430
Adj.R2	0.532	0.543

注:***、**、*分别表示在1%、5%和10%的水平上显著。

资料来源:本书整理。

2. 基于制造业企业样本进行实证检验

为了减少上市公司利用区块链炒概念的情况对本节内容所造成的干扰,这里针对制造业企业样本进行稳健性检验。因为制造业上市公司日常需要处理业务体量大而且较为复杂的零部件购买和组装、设备运输和销售,往往需要构建供应链平台优化企业日常信息处理能力和运营决策效率。而区块链技术天生适合处理供应链平台的信息共享和审计问题,因此区块链在制造业企业的应用往往与上市公司供应链平台的搭建有关,基于区块链技术赋能供应链平台同时也是业界应用最为广泛和成熟的案例,利用其不可篡改和多方确认的技术特征实现信息共享效率的提升和信息审计成本的下降。因此,这里将研究样本缩小至制造业企业进行实证检验,由表 4-10 可知研究结论维持不变。

表 4-10　基于制造业企业样本进行实证检验

变量	(1) 内部资本市场活跃度	(2) 经营性现金流
Phrase	0.188* −1.86	0.092* −1.81
Size	1.014*** −15.85	1.052*** −35.79
Q	−0.02 (−1.18)	0.035** −2.36
Age	0.039*** −4.7	0.004 −0.63
Cashflow	0.031 −0.8	
Lev	1.786*** −5.89	0.161 −1.58
Tangibility	0.832*** −2.77	0.690*** −3.29
Block	0.185 −0.5	0.929*** −4.45
State	−0.845** (−2.31)	−0.145 (−0.55)
Constant	−4.034*** (−3.86)	−5.253*** (−8.34)

变量	(1) 内部资本市场活跃度	(2) 经营性现金流
Industry	已控制	已控制
Year	已控制	已控制
N	2,074	2,074
Adj.R2	0.451	0.53

注:***、**、*分别表示在1%、5%和10%的水平上显著。

资料来源:本书整理。

3. 采用 Tobit 模型研究企业区块链应用对内部资本市场效率的影响

由于企业内部关联交易和经营性现金流量不可能为负数,本节采用 Tobit 模型重新回归。由表 4-11 可知研究结论保持不变。

表 4-11 采用 Tobit 模型的回归结果

变量	(1) 内部资本市场活跃度	(2) 经营性现金流
Phrase	0.148** −2.08	0.105** −2.46
Size	1.095*** −24.89	1.032*** −48.3
Q	−0.024 (−1.57)	0.028** −2.41
Age	0.038*** −6.43	0.003 −0.8
Cashflow	0.035 −1.56	
Lev	0.389* −1.91	0.105*** −3.88
Tangibility	0.32 −1.37	0.737*** −4.72

变量	(1) 内部资本市场活跃度	(2) 经营性现金流
Block	0.082	0.727***
	−0.66	−4.49
State	−0.920***	−0.036
	(−4.18)	(−0.25)
Constant	−5.657***	−4.758***
	(−6.44)	(−9.50)
Industry	已控制	已控制
Year	已控制	已控制
N	3 957	3 957

注:***、**、*分别表示在1%、5%和10%的水平上显著。

资料来源:本书整理。

4. 采用区块链应用哑变量度量企业区块链应用

采用区块链应用哑变量度量企业区块链应用,其中企业应用区块链则赋值为1,否则赋值为0。由表4-12可知结果依然稳健。

表 4-12　采用区块链应用哑变量度量企业区块链应用

变量	(1) 内部资本市场活跃度	(2) 经营性现金流
Phrase	0.218*	0.206**
	−1.79	−2.25
Size	1.095***	1.031***
	−22.74	−47.74
Q	−0.024	0.028**
	(−1.57)	−2.41
Age	0.038***	0.003
	−5.91	−0.83
Cashflow	0.035	
	−1.17	

变量	(1) 内部资本市场活跃度	(2) 经营性现金流
Lev	0.389*	0.105***
	-1.9	-3.91
Tangibility	0.32	0.105***
	-1.19	-3.91
Block	0.08	0.734***
	-0.28	-4.48
State	-0.919***	-0.036
	(-4.16)	(-0.25)
Constant	-5.657***	-4.758***
	(-6.44)	(-9.50)
Industry	已控制	已控制
Year	已控制	已控制
N	3 957	3 957
Adj.R2	0.457	0.57

注：***、**、*分别表示在1%、5%和10%的水平上显著。

资料来源：本书整理。

4.3.5 进一步讨论

1. 异质性分析

上一节的研究结果显示,区块链应用对企业内部资本市场效率具有显著正向影响,企业信息化投入和政府信息化补贴能够促进企业区块链应用和内部资本市场效率之间的关系。进一步的问题是:还有哪些因素影响区块链应用效果和内部资本市场效率之间的关系。本节尝试从公司治理层面提供进一步的证据。企业层面内部治理会影响内部生产运营过程中决策、执行和反馈过程,而区块链应用通常需要经历漫长的前期资本人力投入、中期研发调试以及后期应用推广,进而能否真正实现内部资源最优配置和良性协同确与企业内部治理息息相关。当企业内部治理情况较好，一方面区块链应用过程中出现的投融资代理问题能够妥善监管，上链数据即时性和准确性得以保障，在区块链应用更新迭代过程中持续促进内部资本市场效率提升。另一方面有效的内部治理能够在企业各个项目投入中敏锐判断和灵活调配内部资源，实现多项目多支线平衡取舍，有利于企业长远发展和统筹兼顾。

本书通过企业盈余管理程度和独立董事比例度量企业内部治理，检验内部治理对于区块链应用与企业内部资本市场效率之间关系的影响。结果如表 4-12 所示，从表 4-13 第(1)列可以看出，Phrase 的系数为 0.132，且在 1% 的水平下显著，从表 13 第(2)列可以看出，Phrase 的系数不再显著，说明对盈余管理程度较低的企业，区块链应用对于内部资本市场活跃度的影响更为显著。从第(4)列可以看出，Phrase 的系数为 0.162，在 1% 的水平下显著，第(3)列中 Phrase 的系数不显著，这说明在独立董事比例较高的样本中区块链应用对于内部资本市场活跃度的影响更为显著。在第(5)列中，Phrase 的系数为 0.146，在 1% 的水平下显著，第(6)列中 Phrase 系数不显著，这说明在盈余管理程度更低的样本中，区块链应用对企业经营性现金流的影响更为显著。在第(8)列中 Phrase 的系数为 0.092，在 10% 的水平下显著，第(7)列中 Phrase 的系数不显著。这说明对于内部治理较好的企业，区块链应用对于企业内部资本市场效率的提升作用更为显著。

表 4-13 内部治理的分组检验结果

变量	内部资本市场活跃程度(1~4)				经营性现金流(5~8)			
	(1) 低 EM	(2) 高 EM	(3) 低独董	(4) 高独董	(5) 低 EM	(6) 高 EM	(7) 低独董	(8) 高独董
Phrase	0.132***	0.073	0.043	0.162***	0.146***	0.036	0.028	0.092*
	-2.88	-0.86	-0.65	-2.7	-2.99	-0.49	-0.42	-1.92
Size	1.049***	1.177***	1.147***	1.123***	1.026***	1.044***	1.034***	1.016***
	-22.44	-30.09	-27.11	-31.54	-33.74	-34.07	-41.64	-36.79
Q	0.007***	-0.041	0.008	0.007***	0.057***	0.009**	0.019**	0.013**
	-6.5	(-2.28)	-0.45	-4.93	-1.82	-1.1	-2.02	-1.83
Age	0.034***	0.031***	0.041***	0.028***	0.003	0.002	-0.002	0.009
	-5.56	-4.33	-5.76	-3.97	-0.53	-0.43	(-0.47)	-1.6

续 表

变量	内部资本市场活跃程度(1~4)				经营性现金流(5~8)			
	(1) 低 EM	(2) 高 EM	(3) 低独董	(4) 高独董	(5) 低 EM	(6) 高 EM	(7) 低独董	(8) 高独董
Lev	1.674 ***	0.401 **	− 0.001	0.805 ***	0.247	0.106 ***	0.112 ***	0.127
	− 3.55	− 2.27	(− 0.36)	− 5.05	− 1.54	− 4.92	− 3.27	− 1.03
Tangibility	0.19	0.32	0.850 ***	0.07	1.261 ***	0.156	0.676 ***	0.540 ***
	− 0.75	− 1.13	− 3.08	− 0.26	− 6.97	− 0.62	− 3.77	− 2.63
Block	0.028	0.196	0.549 *	− 0.227	0.692 ***	0.668 ***	0.736 ***	0.561 **
	− 0.1	− 0.65	− 1.81	(− 0.78)	− 3.36	− 2.97	− 3.74	− 2.58
State	− 0.689 ***	− 0.858 ***	− 0.699	− 0.503 **	0.048	− 0.075	− 0.082	− 0.125
	(− 3.30)	(− 2.85)	(− 2.74)	(− 2.34)	− 0.36	(− 0.27)	(− 0.61)	(− 0.50)
Constant	− 4.113 ***	− 6.351 ***	− 5.812 ***	− 5.560 ***	− 4.978 ***	− 4.501 ***	− 5.155 ***	− 4.144 ***
	(− 4.44)	(− 6.92)	(− 6.04)	(− 7.01)	(− 7.60)	(− 6.07)	(− 8.15)	(− 6.50)
Industry	已控制	已控制	已控制	已控制	已控制	已控制	已控制	已控制
Year	已控制	已控制	已控制	已控制	已控制	已控制	已控制	已控制
N	1 986	1 971	2 231	1 726	2 256	1 701	2 154	1 803
Adj.R2	0.534	0.452	0.386	0.528	0.61	0.558	0.638	0.623

注:*** 、** 、* 分别表示在 1%、5% 和 10% 的水平上显著。

资料来源:本书整理。

2. 拓展性分析

前文的实证结果表明,区块链应用作为一种资源传递机制,能够带动企业生产运营过程中的"协同效应",促进企业内部资本市场效率提升。但是企业区块链应用需要在企业多个部门和分部之间调度投入大量资金人才储备,区块链实施前后利润和成本变化有待进一步观察,业务推进可能还会对企业日常生产运营造成一定影响。本节通过企业盈余管理程度和管理费用检验区块链应用对企业运营效率的影响。结果如表 4-14 所示,从表 4-14 第(1)列可以看出,Phrase 的系数为 0.006,且在 1% 的水平下显著,说明企业在区块链应用方面资金投入扩大了企业盈余管理空间。从第(2)列可以看出 Phrase 的系数为 0.374,在 1% 的水平下显著,这说明区块链应用带动企业管理费用上升。

表 4-14　区块链应用与企业内部资本市场效率的拓展性分析

变量	(1) 盈余管理程度	(2) 管理费用
Phrase	0.006 * −1.88	0.374 *** −3.33
Size	−0.015 *** (−10.24)	0.029 −0.19
Q	0.001 −0.18	−0.061 *** (−3.36)
Age	0.001 −1.1	−0.064 *** (−3.59)
Cashflow	0.010 *** −10.61	−0.157 *** (−2.10)
Lev	0.036 *** −6.63	0.254 *** −2.71
Tangibility	−0.063 *** (−8.82)	−2.664 *** (−3.36)
Block	−0.007 (−0.82)	−2.463 *** (−3.24)
State	0.006 −0.92	0.461 −0.71
Constant	0.228 *** −9.42	21.284 *** −6.9
Industry	已控制	已控制
Year	已控制	已控制
N	3 957	3 957
Adj.R2	0.13	0.049

注：*** 、** 、* 分别表示在 1％、5％和 10％的水平上显著。

资料来源：本书整理。

4.4 本 章 小 结

本章以我国 A 股主板上市公司 2016—2019 年数据为样本检验了信息化投入和区块链应用对企业内部资本市场效率的影响。研究发现,区块链应用与企业内部资本市场之间正相关。同时,将信息化投入区分为政府信息化补贴和企业信息化投入,和不具备政府信息化补贴样本相比,具备政府信息化补贴企业样本中的区块链应用与内部资本市场效率的正相关关系更为显著;和不具备企业信息化投入的样本相比,具备企业信息化投入企业样本中区块链应用与内部资本市场效率的正相关关系更为显著;和企业内部治理较弱的样本相比,区块链应用对内部资本市场效率的促进作用在内部治理较强的企业更为显著,进而验证了信息化投入和内部治理对区块链应用效果的正向调节作用。本章还发现区块链应用扩大了企业盈余管理的空间,带动了企业管理费用上升。这些结果说明,区块链应用能够协同信息化建设带动企业内部资本市场效率的提升,但也要注意防范区块链应用过程中的代理问题尤其是企业管理费用方面的损失,实现政府支持与企业主导相结合的良性互动。

基于本章的研究结论,得到以下管理启示:第一,区块链应用能够促进企业内部资本市场良性发展,应该推进区块链平台建设,引入市场化资金和专业运营商整体运营,推动人才与资本要素进入,为商户及用户上链创造更多机会,构建更加平衡和公平的行业生态,充分发挥民营资本的活力高效的优势。第二,政府在信息化建设的支持投入能够有效地推进企业区块链应用良性发展,应该更强调企业主体地位和政府的服务职能,加强地方区块链基础设施建设水平尤其是信息网络技术服务水平和质量,制定和完善数字资产保护相关法律法规建设,通过区块链技术搭建资源变资产成资本的转化平台,为后续实现链上资本数字化和数据资本化提供坚实基础。第三,内部治理能够为区块链应用提升内部资本市场效率提供有力支撑,企业应该在区块链项目投入过程中密切注意资本流动和人力配置的把控,在生产运营过程中统筹兼顾区块链研发应用和其他核心业务之间的平衡,在发挥区块链应用优势的同时注意防范代理问题,尤其是对企业管理费用造成过重负担。

　　本章内容的不足之处主要体现在两个方面：一是区块链应用程度的度量方面。从理论上应该从应用阶段（Stage of Adoption Cycle，SAC）和应用深度（Maturity Level of Application，MLA）这两个维度构建区块链应用效果评价体系，但目前国内得到大规模应用的区块链业务大部分停留在较浅层的技术应用，针对高性能、高可靠性的区块链系统的关键技术研发的项目尚不成熟，所以短期内难以实现针对区块链应用深度的大样本实证分析，但未来伴随着上市公司区块链发展逐渐成熟，研究可以依据区块链应用所涉及的技术层次分为浅层应用（业务涉及的区块链技术属于较浅的应用程度，比如数字存证和溯源追踪等）和深层应用（业务涉及高性能、高可靠性的区块链系统的关键技术，比如区块链系统中的多通道技术、基于可信计算的区块链系统间通信和互操作技术、自主可控的区块链密码体系及高效的密码实现技术等）构建基于应用阶段和应用深度的多维区块链应用效果评价体系。二是企业层面区块链应用的最大优势在于其基于数据层面的信任机制可以为企业及其关联方进行合作创新提供有力支撑。而区块链专利申请大多始于 2016 年并于近年快速增长，基于上市公司样本的合作专利数据量较少无法检验企业区块链应用对于企业自身合作创新的直接影响，未来研究可以尝试从合作创新的角度展开研究，通过深入挖掘内在的机理和规律为政府和企业投入区块链研发提供参考指引。

第5章
制造业区块链应用、社会信任与企业合作创新

　　"工业4.0"是以智能制造为主导的第四次工业革命,是实体物理世界与虚拟网络世界融合的时代,其终极目的是形成一种智能化、定制化、数字化的创新生产模式。区块链应用是工业革命4.0升级迭代的重要基础设施和孵化工具(Culot et al.,2020)。区块链技术可以被定义为一个分布式账本数据库,用于可验证地永久记录各方之间的交易(Chen et al.,2019;Pan et al.,2020)。目前,区块链技术的应用已从区块链1.0时代发展到区块链3.0时代(Pan et al.,2020)。其中,区块链1.0时代指的是区块链技术在虚拟数字货币市场中的应用,如货币转移和支付系统;区块链2.0是指区块链技术在金融市场(如证券、期货、贷款和票据)中的应用,主要用于金融资产的清算,智能合约的使用等;区块链3.0是基于2.0的扩展,特别强调将区块链扩展到社交生活的更多方面。由于其独特的共识机制和兼容的加密算法,区块链技术克服了传统企业管理和外部协作中与信息共享和资源整合相关的许多问题与挑战(Kshetri,2018)。

　　区块链技术被认为是继云计算,物联网和大数据之后的另一种颠覆性技术(Frizzo-Barker et al.,2020),并受到政府,金融机构和科技公司的高度关注。2016年,美国、英国、日本等发达国家相继成立了区块链发展联盟。同年,中国

国务院印发的《"十三五"国家信息化规划》首次将区块链列入国家信息化规划，将其定为战略性前沿技术。2019年，中共中央政治局就区块链技术的发展现状和未来趋势进行了集体学习（Wang et al.，2020），要求重视区块链技术，并积极探索使用该技术来解决行业问题，促进行业创新发展。区块链技术作用于实体经济的生产营销和投融资过程中，动态且持续地整合和重新配置企业资源，通过以网络平台为核心的组织模式实现对旧有生产关系的升级迭代。值得关注的是，上市公司也在加紧区块链产业布局，不少上市公司把目光聚焦在区块链技术专利的争夺上，包括联通系、平安系、航天系和中科系在内的多家上市公司在区块链专利技术方面建立起先入优势。

区块链技术主要建立在包括底层核心平台层、平台产品服务层和应用服务层的三层结构基础上，通过底层核心平台层提供的技术服务支撑传统产业多主体间信任，带动平台价值传递并在具体应用基础上拓展了面向垂直行业的解决方案。区块链的主要技术特性在于即时共享和数据加密功能（Upadhyay，2020）：区块链技术以分散的，分布式的方式维护参与记录节点的不断增长的记录列表。所有信息放置在公共分类账（public ledger）中，且该分类账在所有参与节点之间共享，并且不需要受信任的第三方参与。此外，参与区块链的节点被视为匿名节点，因此它们为其他节点提供更多安全性。现有研究认为区块链技术的透明性和去中心化可以促进治理功能，提高业务效率和降低交易成本，并同时吸引更多的投资者，企业家和创新主体参与公司治理并保护他们的权益（Frizzo-Barker et al.，2020）。同时，区块链技术通过数据可信（数字签名、时间戳）、结果可信（智能合约、公式算法）和历史可信（链式结构、时间戳）能够在不可信和弱信任的竞争环境中低成本建立信任（Frizzo-Barker et al.，2020；Upadhyay，2020）。

社会信任作为外部非正式制度的重要组成部分，在很大程度上决定合作创新成功与否。但是现实环境下信任机制的建立受到种种制约，企业面临的常是一个充满不确定性和挑战性的商业环境，其合作创新往往涉及复杂组织管理流程，为机会主义行为提供了温床。管理者出于自身利益最大化考虑往往会做出与企业最优路径相违背的管理决策，进一步推升企业交易成本。此外，中国是一个典型的"宗族文化"和"差序格局"的社会，人们的信任半径往往局限在宗族内部成员之间,导致传统中国的契约执行具有浓厚的人情关系基础(Greif et al.,2017)。但是,中国正逐步从传统的"熟人社会"向现代的"生人社会"快速变迁(Gagnon et al.,2017)。"生人"意味着彼此社交网络和生活经历没有重合,因此"生人社会"衍生出来的知识储备和社会资源与熟人关系相比,具备更为显著的增量贡献和潜在红利(Granovetter,1983)。基于此,本章进一步研究熟人信任和生人信任在对企业的合作创新影响中是否存在差异性,区块链技术的应用在这两种信任影响合作创新的过程中发挥了怎样的作用。

相关研究主要从三个方面展开:一是研究不同类型的社会信任(即生人信任与熟人信任)对制造业企业合作创新的差异化影响;二是分析制造业企业区块链应用带来的公司外部治理效应,包括区块链应用对企业合作创新的直接影响以及区块链应用对社会信任与企业合作创新之间关系的间接影响。这里采用了中国制造业企业 A 股主板上市公司 2016—2019 年的面板数据进行分析,回归结果发现:①生人信任显著促进了企业的合作创新,而熟人信任则没有这种显著的促进作用;②企业应用区块链技术可以显著促进其合作创新;③区块链技术加强了两种信任对合作创新的正向影响。本章的研究基于交易成本理论就信任影响企业合作创新的文献进行了有益补充,同时也加强了区块链技术对企业活动影响的相关研究。基于以上结论,本章还提出了若干政策建议与管理学启示。

5.1　理论推导与假设提出

随着创新复杂程度逐步提升,企业越发强调搜索和使用外部资源进行创新(Chesbrough,2006),其中与外部组织合作研发成为开放式创新的重要途径。基于交易成本经济学(TCE),虽然合作创新可以提高企业知识宽度以改善创新绩效(Leiponen et al.,2010),但也会经常受到机会主义的影响(Williamson,1985)。

具体而言,在合作创新过程中,企业与合作伙伴的知识共享行为可能会导致专有知识泄露(Ritala et al.,2015),严重损害了组织核心竞争力,从而限制公司从事合作创新所得(Lichtenthaler,2011)。同时,在不完全契约条件下,经济主体往往会最小化对合作项目的付出,同时最大程度地从联合项目中掳获私利,从而损害了合作创新的绩效(Williamson,1985)。以往研究表明,公司参与外部合作的收益会伴随着合作次数增加而下降(Henkel,2006)。因此,企业是否能够在合作创新中获益取决于合作过程中机会主义和知识泄漏风险。现有研究指出信任作为一种非正式制度与正式契约都能在合作创新过程中有效减少机会主义行为和降低知识泄漏风险(Williamson,1993)。其中,受限于创新过程的无形性和不可预见性,正式合同虽然可以在某种程度上减轻机会主义的影响,但在合作创新中难以对资源投入和利益分配做出完整而有效的规划(Argyres et al.,2007;Lumineau et al.,2011)。因此,合作创新的绩效在很大程度上取决于非正式制度,即信任的有效性(Brockman et al.,2018;Khanna et al.,1998)。

5.1.1 社会信任对企业合作创新的影响

信任作为社会资本的核心组成部分,反映了合作双方履行协议的主观意愿和强度(Gambetta,1988),它在缓解创新过程中的机会主义,改善合作环境和知识共享,从而在长期合作中提升创新绩效中起着关键作用(Brockman et al.,2018)。第一,信任能够降低搜寻成本,吸引更为优质的合作伙伴,降低因合作伙伴选择不当而产生的机会主义行为,进一步促进合作创新产出(Bierly et al.,2007)。第二,在动态变化的商业环境中创新合作伙伴之间的资源和知识共享需要在相互监督下持续演化和调整(Parkhe,1993)。在更高信任水平下结成的合作关系,则可以降低这些协调成本(Gulati et al.,1998)。第三,信任是在长期的重复博弈中所形成的一种合作均衡。信任可以强化企业对道德标准和行业规范的认同度,增强企业对守信道德的认可和预期,通过减少协作过程中的机会主义(例如知识泄漏风险和搭便车问题)来提高合作创新的效率(Das et al.,1998)。具体而言,企业基于信任机制形成的合作创新关系激励各个企业积极整合外部资源,进而加速了合作企业之间的信息流动与知识共享,通过反复迭代强化各个主体之间的信任,从而有利于降低知识共享、转移和协调的成本(Neeley et al.,2018)。此外,普遍的社会信任能够助力企业在融资活动中战胜其面临的制度障碍。因此,来自高信任度地区的企业能够以更低的成本获得更多的银行贷款,为合作创新提供资金支持(Moro et al.,2013)。

中国社会的信任存在显著"差序格局"特征,生人信任和熟人信任在企业技术创新过程中会带来显著差异化的社会资源和知识储备(Wang et al.,2017)。首先,熟人意味着趋于同质化的生产要素和非商业化的生产关系,其彼此社会层次和分享信息重复性较强,难以捕获创新研发所需要的异质性知识和人力储备(Wang et al.,2017)。同时中国企业运营管理过程离不开社会人情,熟人信任往往意味着非商业化的人际关系运转秩序(Greif et al.,2017)。这种熟人信任具有较强的隐匿性而难以直接观察,与企业合作创新所亟需的契约精神和标准化管理相违背,为寻租和代理问题埋下了潜在隐患(Alesina et al.,2002)。相较而言,生人作为更加广泛和浅层的"弱关系"能够在企业技术创新过程中带来显著差异化的社会资源和知识储备,有助于企业最大限度整合优化资源进行增量创造(Granovetter,1983)。同时,较高水平的生人信任意味着企业所处的整体环境中各个主体具有更好的守信道德预期和更低的商业泄密与信息溢出的风险(Neeley et al.,2018)。因此,建立在生人信任基础上的合作创新关系具有更强的稳定性和安全性。综上所述提出如下假设。

假设 H_1:整体而言,社会信任与企业合作创新呈现出正相关关系,即社会信任促进企业合作创新。其中,生人信任的促进作用更为显著。

5.1.2　区块链应用对企业合作创新的影响

知识和信息共享对于实现不同组织和部门之间的有效合作很重要,区块链技术是专门针对弱信任条件下多主体之间信息共享问题而提出的,区块链技术采纳和应用则会通过改变企业数据共享和治理机制影响企业合作创新(Pan et al.,2020;Upadhyay,2020)。具体而言,区块链的底层技术包括密码学、分布式计算和博弈论,这三者分别能够借由提升内部信息质量、优化信息共享效率和实现信息安全保障三个方面,促进企业合作创新。首先,密码学在区块链中的应用能够保障内部信息安全。区块链平台能够保证记录在区块链上的信息将持久存在、不可篡改,凭借数字签名和哈希函数安全地传输企业生产运营和财务信息进而重新构建了信息共享的信任机制并降低了机会主义行为(Pereira et al.,2019)。具体而言,上链企业通过非对称加密技术生成公钥(Public Key)和私钥(Private Key),利用私钥加密原始数据生成数字签名,这样区块链平台所有用户都可以通过公钥验证数字签名的真实性且数据具体内容只有获得私钥(Private Key)的相关人员才能打开获取。同时区块上的信息通过哈希运算都会形成一个固定长度的数,每个区块都包含了当前区块交易信息的哈希值和上一个区块的哈希值,因此后续每个区块都会包含之前所有区块的交易信息,确保区块链技术的可追溯性和不可篡改性,进一步降低了核心知识泄漏的风险(Upadhyay,2020)。其次,分布式计算在区块链中的应用能够改善内部信息质量(Pereira et al.,2019)。区块链平台基于"代码规则"的安全协作可以实现多方确认条件下的信息共享和履约保障,上链各企业间以及企业内各部门的生产运营及销售信息能够实现多方验证和即时同步,进一步提升信息流转的可信度和便捷性(Pan et al.,2020)。例如,合法创建并签名的交易需要被广泛传播到区块链网络的各个节点,比如监管机构和行业协议。每个收到交易的节点都会验证该交易,只有超过51%的节点认证后的交易才会被认为是有效交易,而无效交易将会被直接废弃。再次,博弈论在区块链中的应用能够提升内部信息的共享效率(Funk et al.,2018),更大程度带动供应链上下游共享需求信息、生产制造信息、库存信息,提高资金往来和使用效率和企业间的知识储备和流动水平(Pan et al.,2020)。基于权益证明机制(PoS)的激励机制通过该上链企业在系统中所占贡献比例决定企业在区块链平台获得权限,因此企业在链上投注贡献越多,就会有更大的动力改善平台生态而不是参与谎报或欺诈行为。同时对工作量证明机制(PoW)而言,节点永远认为最长链是正确的区块链,并将持续在它上面延长。恶意攻击者篡改交易数据获利只能构造出一条比真实区块链更长的秘密区块链。以比特币系统为例,攻击者需要占据全网51%的算力(即57EH/S)则需要购买78万台高性能矿机(折合15亿美元成本),而收益则取决于是否能成功取消前面15亿美元的交易,而这种公开透明的大额交易在比特币系统会引起多方警觉。总之,通过博弈论在区块链平台上的应用,作恶者花费巨大且收益极低,据此构建了更为公平和高效的激励机制(Fernandez-Carames et al.,2018)。因此,企业通过区块链技术将合作创新的参与者链接到一个具有凝聚

力的高效能业务模型中。基于数据完整性和分散化的操作,区块链技术为外部
协作和优化提供了技术支持,从而为合作创新的"成长型迭代,适应性演化"提
供"土壤"(Kshetri,2018)。因此,在这里可以提出假设。

假设 H_2:整体而言,区块链应用程度与企业合作创新呈现出正相关关系,
即区块链应用促进企业合作创新的提升。

5.1.3 区块链应用和社会信任对企业合作创新的交互影响

尽管一些现有研究认为区块链技术更适用于低信任环境(Frizzo-Barker et
al.,2020),但是本书认为作为一种安全机制的区块链技术仍然可以与信任在促
进企业的合作创新方面产生协同效应。动态关系观指出不同类型的竞合关系
中存在不同类型的交换风险,合作创新的治理机制应该随着合作伙伴之间资源
依赖程度不同而动态调整(Dyer et al.,2018)。具有竞争关系的企业间开展研
发合作可能是为了获得资源、分担风险和降低成本等(Ritala,2012)。但是与竞
争对手合作可能会使竞争对手的公司更具竞争力,存在意想不到的知识溢出风
险,这可能阻碍知识分享和创造方面的合作(Ritala,2012)。同时,企业间同质
化竞争关系会鼓励合作伙伴增加对关系租金的剩余索取权,而不是集中于合作
产生租金,甚至会刺激合作伙伴试图竞争掉对方在关系租金中的份额(Lavie,
2007)。在这种关系中每个合作伙伴面临风险的相互依赖资源更少,因此需要
赋予彼此明确的分工和任务(Dyer et al.,2018)。区块链应用能够凭借智能合
约的应用清楚界定链上合作伙伴的责任和义务,订立合约能够实现数字化并且
自动执行,实时结算和交割以避免了前台和后台分离所造成的业务对接成本和
其他风险隐患的同时提高结算的时效性,从而使得产品价格更能反映市场的真
实供需。借由不可篡改、全程留痕、可以追溯、集体维护、公开透明等技术特征
管理集体行动和解决可能的冲突,从而降低机会主义行为,提高创新绩效。

而资源依赖性较高的企业合作是为了获取互补的技术和资源,增强企业研
发实力并获得竞争优势。由于互惠承诺,拥有互补资源的合作伙伴之间不太可
能彼此投机取巧(Gnyawali et al.,2009),通过参与和反复互动的增加,企业与
供应商、客户的合作关系得到了进一步的深化和扩大,合作伙伴成员之间的关

系规范和相互信任得以发展(Kogut & Zander,1992),在高度依赖的联盟中,非正式的治理机制更有效,而且更不易分解(Dyer et al.,2018)。在这种关系中,使用区块链技术的数据安全性赋予了节点更高的信誉(Chen,2018)。来自安全性的信誉为应用区块链技术的企业带来的"信号效应",会吸引更多优质合作伙伴参与到与该企业的合作创新活动中。同时,区块链应用所需的信息基础设施建设也会倒逼企业加速生产运营信息化,通过反复迭代加速合作企业之间的信息流动并进一步降低知识共享转移成本(Neeley et al.,2018)。这会进一步扩大区块链平台规模和提升信息共享质量及合作效率,带动企业合作创新增长的同时实现社会信任和企业合作创新之间的良性循环。所以从资源依赖性质的角度看,区块链应用不但能实现对社会信任的有效补充,还能与社会信任发挥协同效应,进一步促进企业合作创新。因此,在这里可以得到下面的假设。

假设 H3A:制造业企业区块链应用与熟人信任的协同效应会促进企业合作创新,即区块链应用程度越高,熟人信任对企业合作创新的影响更为显著。

假设 H3B:制造业企业区块链应用与生人信任的协同效应会促进企业合作创新,即区块链应用程度越高,生人信任对企业合作创新的影响更为显著。

5.2　研究设计

5.2.1　数据来源与样本选择

本书采用沪深两市 A 股主板上市公司 2016—2019 年的数据,并进行如下筛选:①保留其中的制造业企业;②剔除数据缺失的样本公司,最终获得 1 322 家公司的 2 291 个样本观测值。对主要连续型变量在上下 1% 处进行 Winsorize 处理以排除异常值干扰。同时,在所有回归中对标准误进行公司维度的 Cluster 处理以控制潜在自相关问题,数据来自国泰安(CSMAR)和中国研究数据库(CNRDS)。

本书通过数据挖掘技术实时监测网络空间、门户网站、网络论坛中上市公司官方发言人对投资者问询的回复情况,通过抓取区块链、数字资产和数字货币等关键词,得到相应上市公司官方发言人对涉及该关键词的文本回复。之后根据其回应内容人工判断和划分其所属上市公司区块链的各个阶段:①需求阶段(Idea):官方回应企业具备区块链相应技术储备,尝试组建区块链研究团队或与其他团队订立合作协议则将其归为需求阶段。但是处于需求阶段的企业并未真正开始部署和使用区块链技术;②研发阶段(Research and Development):企业成立区块链研究院或实验室等研究机构并且在区块链领域研究中取得进展;③应用阶段(Application):企业在区块链研发过程中推出基于区块链的服务平台或应用解决方案;④规模应用阶段(Mass productivity):企业推出的区块链服务平台或应用解决方案得到大规模推广使用。

5.2.2 变量选取与模型构建

为了研究社会信任对企业合作创新的影响,本节相关变量的选取与设定如下:

(1) 企业合作创新(Coinno)。本节主要采用上市公司与其他企业联合申请专利数量作为上市公司合作创新的度量指标,即专利申请人包括上市公司与其他组织。本节对该指标做了自然对数处理。

(2) 社会信任(Trust)。考虑到社会信任是地区共有的一种社会资本形式,因此,本节依据 2015 年中国人民大学组织实施的中国综合社会调查(CGSS)数据,对省级层面包括亲戚、朋友、同事、领导、同学、老乡、陌生人在内的信任水平按照从 1 至 5 进行赋值:其中 1 为绝大多数不可信,2 为多数不可信,3 为可信者与不可信者各半,4 为多数可信,5 为绝大多数可信。对亲戚、朋友、同事、领导、同学、老乡信任水平的平均值定义为"熟人信任",陌生人信任水平的平均值定义为"生人信任",分别考查不同类型信任对企业合作创新的影响。

(3) 区块链应用程度哑变量(Blockchain)。在本节中上市公司是否应用区块链技术的判断标准是上市公司或其集团内关联公司是否参与区块链的研发和应用,即企业的区块链技术处在研发,应用和规模应用阶段。企业参与区块链研发和应用则赋值为 1,否则赋值为 0。

（4）控制变量。沿袭已有文献的做法（Berkowitz et al.，2015），本节在实证过程中进一步控制了公司特征及区域经济因素和企业合作创新的影响因素，包括公司规模、财务杠杆、固定资产比例、国有产权性质、公司成长性等。同时这里还控制了行业和年度固定效应。表 5-1 所示为模型中各变量的含义及界定方式。

表 5-1　模型中各变量的含义及界定方式

变量名称	变量代码	变量定义
合作创新	Coinno	上市公司合作创新：上市公司与外部企业联合申请专利数量的自然对数
区块链应用	Blockchain	企业区块链应用哑变量：进入实质应用阶段则赋值为 1，否则赋值为 0
社会信任	Familiar	熟人信任：中国综合社会调查亲戚、朋友、同事、领导、同学、老乡信任水平的平均值
	Stranger	生人信任：中国综合社会调查陌生人信任水平的平均值
现金流	Cashflow	第 t 年末公司经营活动现金流量取自然对数
公司规模	Size	年末总资产取自然对数
公司成长性	Tobin	第 t 年公司股权市场价值和负债账面价值之和除以总资产账面价值
公司年龄	Age	企业成立年限
财务杠杆	Lev	年末总负债除以年末总资产
固定资产比例	Tangibility	年末固定资产除以年末总资产
两权分离	Block	年末大股东持股比例

资料来源：本书整理。

由于企业合作创新专利申请数量不可能为负数，传统最小二乘线性模型不太适用于检验社会信任和制造业区块链应用对合作创新的影响，借鉴前人研究建立 Tobit 模型进行参数估计以避免样本估计偏误和非连续性（Simar & Wilson，2007），具体模型如下：

$$Y_{it} = \begin{cases} \beta^\tau & \chi_{it} + \varepsilon_{it} > 0 \\ 0 & \text{otherwise} \end{cases}$$

式中,Y_{it} 是被解释变量,χ_{it} 是解释变量,β^r 是解释变量回归参数向量,ε_{it} 是误差项。

5.2.3 样本分布

制造业上市公司区块链应用情况及年度划分的样本分布如表 5-2 所示。这里可以看出制造业中尝试应用区块链技术的上市公司数量自 2016 年(23 家企业)逐年提升,自 2018 年呈现突破性增长并于 2019 年达到 150 家上市公司。在所有尝试应用区块链技术的制造业上市公司中处于研发阶段的上市公司所占比例最大,共有 113 家上市公司。此外,实现区块链大规模应用的上市公司仍然较少(总计 10 个企业年度观测值)。通过国家知识产权局政务服务平台专利检索查询可知,2018 年至 2019 年全国区块链专利申请数量远超历年,分别达到 6 151 件和 6 568 件,其中上市公司申请专利数量总计 1 871 件,占总体区块链专利申请数量的 12.7%。此外,企业区块链应用类别也有所不同,2015 年以前区块链专利主要基于底层技术(如点对点网络和共享密钥),2016 年至 2018 年则逐渐从浅层次应用转向涵盖智能合约等深层次应用的专利研发。

表 5-2 企业区块链应用情况及年度划分的样本分布

按区块链应用程度划分:

年度	应用公司总计	需求阶段	研发阶段	应用阶段	规模应用阶段
2016 年	23	9	11	3	0
2017 年	24	6	13	5	0
2018 年	71	13	30	23	5
2019 年	150	36	59	50	5
总计	268	64	113	81	10

区块链专利申请数量排名(前五位)		按区块链应用类别划分(前十位)	
腾讯科技	925	类别	应用公司总计
阿里巴巴	824	企业服务	37
艾摩瑞策	331	溯源	32
中国联通	278	供应链金融	20
壹账通	240	物联网	20
按区块链专利数量划分		金融	17

年度	全国申请数量	上市公司申请量	数字资产	13
2016 年	474	31	硬件设施	12
2017 年	1 536	216	供应链	8
2018 年	6 151	745	司法	6
2019 年	6 568	879	政府治理	6
总计	14 729	1 871	财税	3

资料来源:本书整理。

5.3 实证结果分析

5.3.1 变量描述性统计与分析

模型中涉及主要变量描述性统计如表 5-3 所示。变量的相关性分析如表 5-4 所示。本节进一步进行了 VIF 检验,结果显示 VIF 值介于 1.02 至 2.76 之间,表明本节选取的变量间没有明显的多重共线性。

表 5-3 变量的描述性统计

变量	观测值	平均值	标准差	最小值	50% 分位值	最大值
Coinno	2291	1.35	1.65	0.00	0.00	8.76
Familiar	2291	2.89	0.18	2.41	2.84	3.27
Stranger	2291	1.95	0.16	1.52	1.97	2.18
Blockchain	2291	0.06	0.24	0	0	1
Cashflow	2291	18.94	1.90	6.34	18.86	27.47
Size	2291	22.26	1.50	17.62	22.05	30.70
Tobin	2291	2.27	3.32	0.69	1.70	10.42
Age	2291	10.83	7.69	0	9	28
Lev	2291	0.47	0.67	0.01	0.43	1.65
Tangibility	2291	0.19	0.16	0.00	0.19	0.94
Block	2291	0.34	0.14	0.01	0.32	0.98

资料来源:本书整理。

表 5-4 相关性分析

		(1)	(2)	(3)	(4)	(5)	(6)	(7)	(8)	(9)
(1)	Coinno	1.000								
(2)	Blockchain	− 0.004	1.000							
(3)	Cashflow	− 0.008	− 0.011	1.000						
(4)	Size	− 0.01	0.00	0.725*	1.000					
(5)	Tobin	0.00	− 0.014	− 0.192*	− 0.363*	1.000				
(6)	Age	− 0.062*	− 0.058*	0.164*	0.225*	0.031	1.000			
(7)	Lev	− 0.003	0.024	0.022	0.012	0.114*	0.101*	1.000		
(8)	Tangibility	− 0.018	− 0.095*	0.122*	0.070*	− 0.075*	0.055*	0.012	1.000	
(9)	Block	0.005	− 0.076	0.214*	0.227*	− 0.072*	0.049*	0.002	0.074*	1.000

注：* 代表在 1% 的水平下显著（双尾）

资料来源：本书整理。

5.3.2 实证结果与分析

本书将社会信任区分为生人信任和熟人信任，分别研究社会信任对企业合作创新的影响。为了增强估计结果的可比性，本节的 Tobit 模型均报告的是各变量的边际效应。表 5-5 汇总的是社会信任对企业合作创新的 Tobit 模型估计结果。对于上市公司合作创新而言，模型（1）中熟人信任（Familiar）系数不显著，意味着熟人信任对上市公司合作创新影响较小。模型（2）中生人信任（Stranger）系数为 3.037，在 1% 的水平上显著，表明生人信任显著激励了企业合作创新的意愿与强度，从而促进了合作创新产出。

表 5-5 社会信任对企业合作创新的影响

解释变量	被解释变量合作：上市公司合作创新		
	模型（1）	模型（2）	模型（3）
Familiar	0.126		− 1.243***
	(0.90)		(− 8.71)
Stranger		3.037***	3.844***
		(15.03)	(18.62)

续 表

解释变量	被解释变量合作:上市公司合作创新		
	模型(1)	模型(2)	模型(3)
Cashflow	0.014	0.004	0.009
	(0.64)	(0.18)	(0.41)
Size	− 0.302***	− 0.335***	− 0.343***
	(−16.58)	(−18.36)	(−18.40)
Tobin	− 0.244**	− 0.252**	− 0.255**
	(−2.24)	(−2.30)	(−2.28)
Age	− 0.231***	− 0.227***	− 0.224***
	(−8.48)	(−8.26)	(−8.00)
Lev	0.058	0.087	0.101
	(0.11)	(0.16)	(0.18)
Tangibility	− 4.730***	− 4.701***	− 4.466***
	(−3.87)	(−3.83)	(−3.58)
Block	5.204***	5.405***	5.443***
	(5.96)	(6.16)	(6.10)
Cons	− 22.082***	− 27.011***	− 25.025***
	(−54.40)	(−66.40)	(−60.26)
行业效应	Y	Y	Y
年度效应	Y	Y	Y
样本量	2291	2291	2291

注:*、**、***分别代表的是在10%、5%、1%的水平上显著,括号内为 t 值。

资料来源:本书整理。

表5-6分别汇报了企业区块链的应用对企业合作创新影响,以及区块链技术应用和社会信任对企业合作创新的联合影响。表5-6中模型(4)显示区块链应用(Blockchain)的系数为0.618,在1%的水平下显著。这表明,随着区块链应用程度的提高,企业的合作创新产出得到了显著的提高。模型(5)中Blockchain×Familiar的系数为11.739,在1%的水平下显著,意味着区块链应用能够有效协同熟人信任促进上市公司合作创新(图5-1)。同时模型(6)中Phrase×Stranger的系数为21.074,在1%的水平下显著,说明生人信任(Stranger)和区块链对于企业合作创新具有显著的协同效应(图5-2)。此外,在加入交叉项后,Blockchain的系数变为负(在模型(5)中系数为−33.773,在模型(6)

中系数为 -41.909，并在 1% 的水平下显著）。这意味着采纳并部署区块链技术的企业在没有应用区块链技术前，其信任促进企业合作创新的绩效上往往低于那些没有部署区块链技术的企业（图 5-1 和图 5-2）。这表明，信任对合作创新促进效果较低的企业更有意愿去应用区块链技术以促进合作创新。

表 5-6　区块链应用对企业合作创新的影响

解释变量	被解释变量：上市公司合作创新			
	模型（4）	模型（5）	模型（6）	模型（7）
Blockchain	0.618***	−33.773***	−41.909***	−52.738***
	(3.48)	(−44.20)	(−53.96)	(−46.23)
Blockchain×Familiar		11.739***		12.330***
		(46.80)		(32.84)
Familiar		−0.257*		−1.642***
		(−1.84)		(−11.55)
Blockchain×Stranger			21.074***	8.519***
			(56.17)	(15.43)
Stranger			2.756***	3.812***
			(13.67)	(18.53)
Cashflow	−0.068***	−0.012	−0.010	−0.016
	(−4.22)	(−0.56)	(−0.47)	(−0.71)
Size	−0.023*	−0.313***	−0.353***	−0.362***
	(−1.72)	(−17.20)	(−19.36)	(−19.47)
Tobin	−0.106	−0.259**	−0.269**	−0.280**
	(−1.43)	(−2.37)	(−2.45)	(−2.50)
Age	−0.146***	−0.226***	−0.224***	−0.218***
	(−7.01)	(−8.39)	(−8.20)	(−7.87)
Lev	−0.818*	0.134	0.180	0.208
	(−1.78)	(0.25)	(0.34)	(0.39)
Tangibility	−3.174***	−4.676***	−4.566***	−4.355***
	(−3.47)	(−3.86)	(−3.75)	(−3.53)
Block	3.672***	5.410***	5.534***	5.624***
	(5.51)	(6.24)	(6.35)	(6.36)
Cons	−24.454***	−23.001***	−29.214***	−27.012***
	(−80.79)	(−56.79)	(−71.99)	(−65.31)

解释变量	被解释变量:上市公司合作创新			
	模型(4)	模型(5)	模型(6)	模型(7)
行业效应	Y	Y	Y	Y
年度效应	Y	Y	Y	Y
样本量	2291	2291	2291	2291

注:*、**、***分别代表的是在10%、5%、1%的水平上显著。

小括号内是相应变量的 t 或 z 统计量。

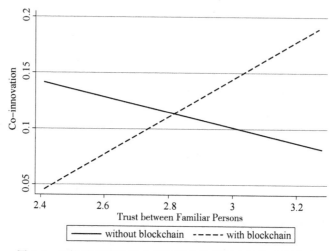

图 5-1　区块链应用对熟人信任和合作创新之间关系的影响

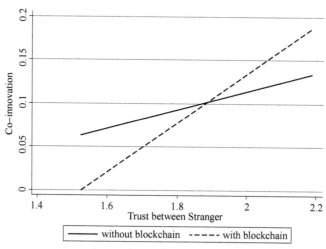

图 5-2　区块链应用对生人信任和合作创新之间关系的影响

5.3.3 稳健性分析

为了进一步增强本节内容研究结论的可靠性,在这里进行多维度的稳健性检验:

(1)替换估计方法。将企业是否进行合作创新作为企业合作创新度量指标,采用 Logit 模型替换 Tobit 模型估计方法对原结果进行检验。

(2)替换社会信任度量指标。借鉴已有文献对社会信任的度量方法,本节采用中国商业信用环境指数课题组发布的"中国城市商业信用环境指数(CEI)"。稳健性检验的估计结果汇总为如表 5-7 所示。结果显示,经过多种维度的稳健性检验所得到的结果与前文保持基本一致,即社会信任(Trust)的估计系数均显著为正,仍然显示出社会信任对企业合作创新的积极促进效应。

表 5-7　稳健性检验的估计结果

解释变量	替换合作创新指标	替换社会信任指标
	模型(8)	模型(9)
Trust	0.045***	0.063***
	(3.37)	(10.86)
Cashflow	−0.149*	−0.307***
	(−1.86)	(−12.81)
Size	0.846***	−0.337***
	(5.70)	(−16.73)
Tobin	0.039	−0.220*
	(0.92)	(−1.90)
Age	−0.007	−0.148***
	(−0.47)	(−4.92)
Lev	−0.640	−0.047
	(−1.63)	(−0.08)
Tangibility	−0.602	−3.383**
	(−0.93)	(−2.48)
Block	0.146	5.898***
	(0.21)	(6.12)

续 表

解释变量	替换合作创新指标	替换社会信任指标
	模型(8)	模型(9)
Cons	-20.060***	-20.842***
	(-7.42)	(-46.79)
行业效应	Y	Y
年度效应	Y	Y
样本量	645	1281

注:*、**、***分别代表的是在10%、5%、1%的水平上显著。

小括号内是相应变量的 t 或 z 统计量。

（3）替换区块链应用度量指标。按照区块链技术处于应用周期的具体阶段度量区块链应用程度,其中处于需求阶段则取1,处于研发阶段则取2,处于应用阶段则取3,处于规模应用阶段则取4。由表5-8可知结果依然稳健。

表5-8　稳健性检验的估计结果

解释变量	被解释变量:上市公司合作创新			
	模型(10)	模型(11)	模型(12)	模型(13)
Phrase	0.574***	-4.486***	-4.604***	-8.564***
	(7.89)	(-18.37)	(-18.17)	(-24.31)
Phrase×Familiar		1.770***		2.090***
		(21.77)		(17.71)
Familiar		-0.126		-1.541***
		(-0.91)		(-10.84)
Phrase×Stranger			2.644***	1.582***
			(21.37)	(9.15)
Stranger			2.856***	3.827***
			(14.17)	(18.61)
Cashflow	-0.073***	-0.005	-0.006	-0.010
	(-4.50)	(-0.21)	(-0.27)	(-0.46)
Size	-0.031**	-0.331***	-0.367***	-0.379***
	(-2.26)	(-18.21)	(-20.13)	(-20.37)
Tobin	-0.114	-0.264**	-0.271**	-0.281**
	(-1.53)	(-2.42)	(-2.47)	(-2.51)

续 表

解释变量	被解释变量:上市公司合作创新			
	模型(10)	模型(11)	模型(12)	模型(13)
Age	-0.144***	-0.224***	-0.222***	-0.216***
	(-6.93)	(-8.30)	(-8.10)	(-7.80)
Lev	-0.844*	0.101	0.135	0.175
	(-1.83)	(0.19)	(0.25)	(0.32)
Tangibility	-3.093***	-4.510***	-4.385***	-4.163***
	(-3.40)	(-3.75)	(-3.63)	(-3.40)
Block	3.779***	5.485***	5.639***	5.717***
	(5.68)	(6.33)	(6.48)	(6.47)
Cons	-25.181***	-22.102***	-28.704***	-26.560***
	(-83.33)	(-54.59)	(-70.76)	(-64.24)
行业效应	Y	Y	Y	Y
年度效应	Y	Y	Y	Y
样本量	2291	2291	2291	2291

注:*、**、*** 分别代表的是在 10%、5%、1% 的水平上显著。

小括号内是相应变量的 t 统计量。

5.4 本 章 小 结

本章研究的回归结果发现,生人信任显著促进了企业的合作创新,而熟人信任则没有这种显著的促进作用。企业采纳和应用区块链技术可以显著促进合作创新。同时,区块链技术加强了生人和熟人信任对合作创新的正向影响。实证结果支持了本章的假设,而本章的研究结论从以下三个方面做出了理论贡献。

第一,本章研究丰富了现有 TCE 视角下,企业如何防止和缓解机会主义行为以提高合作绩效的研究(Brockman et al.,2018)。具体而言,本章研究发现,在不完全契约的情景下,区块链技术的应用可以缓和机会主义行为风险。同时,区块链技术还可以与信任这种非正式的制度形成互补与协同,以更好地减缓机会主义行为对企业间合作的损害。因此,可以认为,区块链技术作为一种新兴的数字化颠覆技术和安全机制,可以有效地补充和加强信任机制。作为基于加密原理构建的分布式数据库,区块链技术也具有传达价值和解决信任危机的能力。这一观点也呼应了目前对于区块链技术在企业运营过程中的主流研究(Fernandez-Carames & Fraga-Lamas,2018;Upadhyay,2020)。

第二,在区块链技术兴起和应用的背景下,本章的内容丰富了社会信任的研究。本章具体区分了生人和熟人信任对于企业合作创新行为的影响。基于中国的具体情景,本章的内容进一步呼应并拓展了 Granovetter(1983)的观点。强关系意味着相似的社会连接和冗余信息并对创新不构成实质帮助,而弱关系构成了社会系统不易被界定的部分并带来有用知识。在中国情景下,相较于单纯的强关系和弱关系,来源于中国社会的"差序格局"特征的生人和熟人信任研究则更具有代表性。本章对朋友、同乡、同事、陌生人等社会关系分别进行信任赋权加总,并讨论了不同类别社会关系对合作创新影响的异质性。本章的研究结论也进一步支持了 Wang 等人(2017)的观点,即生人关系比熟人关系在研发过程中的知识溢出效应更为显著,从而进一步影响了合作创新的绩效。

第三,本章拓展了区块链技术相关的研究。以往研究大多集中于讨论区块链对企业的金融交易(Ahluwalia et al.,2020),供应链运营效率(Pan et al.,2020)的影响。在工业 4.0 和区块链技术 3.0 的背景下,本章的研究则定量验证了区块链对制造业企业合作创新的影响。本章的研究结果表明,使用区块链可以使企业与合作伙伴建立更高效的联系,这主要体现在合作专利量的提升。因此,本章的内容进一步支持了现有研究的观点,即区块链技术的应用可以为企业的外部合作所面临的一系列挑战提供新兴解决方案(Pan et al.,2020)。

第6章
区块链驱动供应链金融的实现机制研究

习近平主席在《国家中长期经济社会发展战略若干重大问题》中指出,要着力打造自主可控、安全可靠的产业链、供应链。同时要加快数字经济、数字社会、数字政府建设、推动各领域数字化优化升级。近年来我国中小企业在国民经济中的占比越来越高,但是,信用基础欠缺、风险相对较高,融资难、融资贵等问题已成为制约中小企业发展的重要因素。尤其是在全球新冠肺炎疫情持续影响的背景下,2020 年我国供应链金融市场规模预计将达到 15 万亿元,企业应收账款巨额存量亟待盘活。建设以小微企业应收账款为基础的供应链融资平台是帮助我国小微企业获得低成本资金、推进小微企业数字化进程、建设数字经济强国的重要动力。

增信是指企业为了降低融资成本,通过引入优质企业或担保公司为贷款担保等方式以提高自身信用等级和降低贷款利息的信用增进措施。按照《物权法》和《担保法》的相关规定,应收账款作为典型的非标产品代表已经形成的、合法有效且债务人对债权人不享有实质性抗辩权的债权,可以作为司法上认同的已经形成的应收账款,为供应商质押增信提供支持。资金是企业发展不可或缺的要素。通过应收账款质押的方式,债务人可以将其动产或者权利移交债权人占用,将该动产作为债权的担保,当债务人不履行债务时,债权人有权依法就该动产卖的价金优先受偿。这一举措大大加强了小微企业处理自身资金周转问题的灵活性，促进了应收账款形式的商业信用的迅速增长。在日常商业场景中，企业大量资金被账期占用，企业为日常运营以及扩大生产，需通过外部融资解决现时资金需求。产业链中不同层级的企业通过融资获得外部资金的成本和难易程度存在很大差别，核心企业和信誉好的一级供应商通常授信额度高，融资成本低，而其上游的小微企业则因为风险较高、融资额度小，融资困难且成本高昂。国内供应商对于三个月的商业票据一般给予 97 折优惠，六个月商业票据给予 95 折优惠，优惠的差异化体现了账期差异所带来的成本损耗。国际知名公司非常注重对供应链的建设管理，通过实时掌握供应链体系的经营状况，保持稳定的供货企业来确保供货的品质。改善上游多级供应商的融资状况对以核心企业为主导的供应链生态健康发展有举足轻重的作用，沃尔玛、肯德基、麦当劳、蒙牛等知名核心企业对供应链的建设都非常重视。

核心企业一般都是较大型的企业，其上下游企业大部分是中小企业，由于核心企业的"担保"在一定程度上降低了金融机构贷款给中小企业的风险，中小企业得以更便利地融资，加速了产业链的流动。在传统供应链融资服务体系中，财务公司能够凭借其多年累积的对产业发展和产品生产特性的经验知识储备合理地规避风险，利用内部资金为上下游供销关联方提供资金支持解决其资金短缺难题，与银行等外部资金提供方相比核心企业拥有产业中的信息储备优势。这两种传统支持方式仍然难以有效帮助小微企业缓解融资难的问题，究其原因有三个方面：一是核心企业不愿意为供应链末端的小微企业提供担保贷款。因为供应链末端的企业往往是私营企业，鱼龙混杂而且贷款违约风险极大，与核心企业没有直接的业务往来，核心企业出于谨慎性考虑没有必要为其担保贷款。二是核心企业的信用无法传递给供应链末端的小微企业。2016 年国家开始主导供给侧改革，出清了一部分的产能严重过剩的原材料商，加速了制造业供应商原材料价格上涨，供应链在核心企业和原材料商的双向挤压下难以为继。一级供应商的压力传导至管理和抵御风险能力较差的二级供应商，只能使用一级供应商的兑付承诺去银行争取融资，票据在一次次采购谈判过程中转换成信用更弱的主体，在银行的融资价格也越来越高。三是社会化资本难以引进。供应链金融平台是银行依托核心企业开立的应收账款带动上下游企业资金流转的闭环系统。小微企业发展前景不确定、信用度较低、抗风险能力差，而且银行机构接受小微企业贷款往往需要耗费大量尽职调查成本，传统债权资本具有规避风险的天性，因此需要引入风险资本参与进来为供应链金融盘活核心企业应收账款赋能。

2019 年 10 月 24 日举行的中央政治局第十八次集体学习强调，区块链技术的集成应用在新的技术革新和产业变革中起着重要的作用，要把区块链作为核心技术自主创新的重要突破口，加快推动区块链技术和产业创新的发展。区块链凭借去中心化、不可篡改、全程留痕、可以追溯、集体维护、公开透明的特点，为不信任或者弱信任的多个主体间金融协作提供了可信并且可以多方验证的共享数据。基于区块链技术的供应链融资平台可以为多级供应商的应收账款保理业务提供信任的传导平台，将代表核心大企业账款拖欠的债务凭证层层转移支付给上游供应商，从而使得多级供应商可以拥有核心大企业的债务凭证，凭此获得金融机构的融资。

联易融数字科技集团有限公司于 2016 年 2 月成立于深圳前海，是以"供应链 4.0"为基础打造的，可以在不自建平台、不改变企业间原有交易流程的条件下，借助区块链技术多中心化、信息透明、不可篡改的核心价值，对授信企业交易的应收账款数据形成数字资产，解决中小企业的短期流动性融资需求进行了有效探索。目前依托应收账款形成的数字资产，已成功探索形成应收账款保理融资、应收账款资产证券化业务等多种运作模式，并取得了一定的成果。

本节以联易融供应链金融平台应收账款保理融资和应收账款资产证券化为分析案例，首先对其区块链平台总体架构进行阐述，然后对应收账款保理融资和应收账款证券化具体业务模式进行介绍，从区块链技术如何通过分布式账本赋能核心企业应收账款向数字化资本转换的视角，为包括应收账款、商业信贷等低流动性资产实现数字资产转换的新型融资路径提供一种理论解释，该理论可为股权资本如何介入和帮助传统供应链金融平台小微企业改善融资困境提供了一条可复制、可推广的路径，有助于推进我国数字经济发展进程，实现各领域数字化优化升级。

6.1　研 究 设 计

周期较长的传统大型核心企业下游供应商往往会面临较长的应收账款账期,大量居于供应链末端的小微企业都需要在核心企业回款前解决资金周转问题,很多核心企业考虑到这一问题会自主搭建供应链金融平台对接金融机构为供应商提供票据贴现业务。近年来,伴随着我国数字经济发展,不少企业都在探索如何使用更为优化的技术解决方案将核心企业应收账款转化为可以在供应链平台分拆流转的数字化债权凭证,期望无论在实践中还是在理论上都形成可复制可推广的经验。

6.1.1　案例选取

联易融数字科技集团有限公司于 2016 年 2 月成立于深圳前海,为金融机构、企业、政府机构等提供金融产品、数据风控、IT 系统和产品落地运营等一系列的多元化、定制化、智能化科技服务。目前联易融已与超过两百家核心企业达成紧密合作,服务客户覆盖全国 32 个省及行政区,累计服务数十万家中小微企业。其中,联易融基于区块链平台应用较为突出的业务模式主要有应收账款保理业务和应收账款资产证券化业务两种方式。因此,本章选取联易融作为研究对象,研究通过区块链技术实现供应链平台核心企业应收账款分拆流转和应收账款资产证券化,对包括应收账款、商业信贷等低流动性资产实现向数字资产转换的新型融资路径提供理论指导,为传统供应链金融平台小微企业改善融资困境提供一条可复制、可推广的路径。

6.1.2　联易融供应链金融平台总体架构

供应链融资平台主要参与方包括:容易获得银行融资授信的核心企业、上游小微企业类供应商、提供资金的银行或保理机构、监管方、金融科技服务公司等。联易融供应链金融平台以核心企业为主导,依托区块链技术充分发挥审计机构、行业协会和政府部门等多元主体在平台信用流转过程当中的监管和预警作用。联易融供应链金融平台总体架构如图 6-1 所示,各部分细节如下。

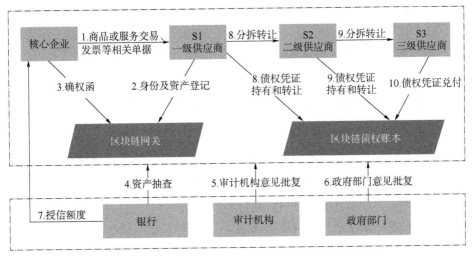

图 6-1　联易融供应链金融平台总体架构

（1）核心企业为供应链平台应收账款开立方,当核心企业和上游供应商形成了商品或服务交易相关的应收账款后,在融资环节负责为供应商应收账款保理业务提供信用背书,在票据到期后按照协议规定将款项按时汇入银行指定账户。

（2）金融服务机构:以银行为代表的金融机构主要为包括小微企业在内的供应商提供包括应收账款、存货等保理融资业务。银行在收到供应商融资申请后,尽职调查融资企业经营等基本情况,对应收账款的真实性进行确认,并以书面形式将应收账款转让事宜通知核心企业。若保理申请材料审核通过,银行在扣除融资利息和保理业务手续费之后,为供应商提供融资。

（3）监管机构:主要包括审计机构和政府部门等,审计机构会对保理业务信息进行周期性的审核,并将全部信息共享给平台中所有参与者,行业协会主要凭借工商信息、行业调查数据等,政府部门凭借法院裁判文书、失信被执行人名单等数据,核查该笔资产主体(即供应商和核心企业)的真实性、合法性。

6.2 案例分析

6.2.1 应收账款保理业务模式

应收账款的保理业务是指企业将赊销形成的未到期的应收账款这项资产转让给资金方(银行或商业保理公司),以获得流动资金,加快资金周转。一级供应商拥有核心大企业拖欠的应收账款,是大企业的债权人。通过核心大企业的信誉和资质,银行或保理机构愿意通过应收账款的保理业务提供资金,投资者也愿意通过资产证券化给一级供应商融资。但二级、三级乃至多级供应商拥有的是知名度不高或信用基础不够强的企业的债权,这些债权的资质和未来收益的保障弱于核心大企业的债权,而且多级供应商本身的经营风险较高,融资额度较小,金融机构的尽调成本很高。为了弥补较高风险,提供资金的金融机构会提高贷款利率或者谨慎放贷,增加了小微企业的融资难度和成本。区块链技术的确权、拆分以及价值流转功能,让核心企业在区块链上确认一级供应商享有的核心企业债权,这个债权随后就可以向更上游的供应商流动,由各级供应商拆分支付给自己的上游企业,实现多级价值流转。核心大企业对一级供应商的应付账款流转至规模更小的上游多级供应商后,多级供应商凭借拥有的核心大企业的债权,让贴现机构依据核心企业的信用评级而不是多级供应商的信用评级给出较低利率的融资款,从而让上游多达九、十级的小微供应商获取到便宜的融资。区块链技术支持下的供应链融资平台使得小微企业获得过低至一万元人民币的融资额。奶制品产业巨头蒙牛使用了区块链技术支持应收账款多级流转,帮助供应链远端的农场,让牧民能够获得低价的资金。优质的牛奶源于可信赖的牧场,而牧场离不开农场提供优质的饲料。核心企业麦当劳供应链远端的农场可以用麦当劳的信用来融资,而且通过区块链上的信息记录,麦当劳可以发现供应链中农场的资金困境,它甚至可以选择贴息给农场更低的融资利率。农场保持财务健康能够大大降低使用劣质农药的可能性。

图 6-1 清晰地展示了联易融区块链平台中应收账款多级流转的具体过程。从核心企业到供应商再到银行,每个机构在区块链社区里都有自己的角色。他们都在这个分布式账本上输入数据,同时也获取数据。首先,上游供应商与核心企业订立交易并形成对应的应收账款,供应商在区块链平台上进行身份及资产登记,之后由核心企业向区块链平台提供确权函。在企业数据(包括企业财务状况、贸易往来、交易记录等资料)上链的同时,审计机构以及政府部门也可以参与这个区块链社区,审计机构通过在区块链平台上即时出具对企业财务信息的审计意见,政府部门凭借法院裁判文书、失信被执行人名单等数据,核查该笔资产主体(即供应商和核心企业)的真实性、合法性,对供应链平台上应收账款保理业务起到事前监督和风险预警的职能。基于此,银行等金融机构能够根据链上企业历史数据和监管部门意见批复,将该笔应收账款转化为可以在区块链平台上流通的数字化债权凭证。

6.2.2 应收账款资产证券化业务模式

应收账款资产证券化(Asset-Backed Securities,ABS)指通过结构化设计发行证券给投资人,以核心大企业拖欠的应付账款未来所需要支付的现金流作为投资者的未来收益,使核心大企业的供应商能够立即得到资金的融资过程。应收账款资产证券化能够让供应商的应收账款提前变现为现金,并且保障购买产品的投资人的收款权益。小微企业发展前景不确定、信用度较低、抗风险能力差,想要从根本上破解小微企业融资困境不能从规避风险的债权资本入手,需要引入风险投资等股权资本参与进来。应收账款证券化的意义在于将流通性较低的应收账款提前变现和转移分拆为可以在二级市场上流通的数字资产以满足融资需求,业务体量通常大于应收账款多级流转业务。

供应链融资平台在发行应收账款资产证券化的整个过程中,核心大企业的应付债务,也就是一级供应商的应收账款这项资产,需要经过多方的验证与核实,主要步骤为:资产产生、资产整理、资产包抽查、财务审查尽调和项目管理。整个过程参与方众多,步骤繁杂,利用区块链技术可以保证材料核验过程中不可篡改、相互验证。金融机构能够直接使用区块链上的留存记录作为内部风控审核的依据,大大降低了尽调成本。当资产的验收完成后,应收账款这项资产被发送至中登网进行质押登记,保理商或过桥银行进行放款,交易所会对资产包挂牌交易进行批复,并对投资人开放申购。区块链平台让整个应收账款从资产收集、风险因素排查,到资产证券化推送给投资人的过程都是透明的,所有参与机构均能通过共同的区块链平台查看资产质量变化的信息并做出相应的处置和管理,包括核心企业作为债务人的经营情况、资信变化等。核心企业应付账款资产证券化流程如图 6-2 所示。

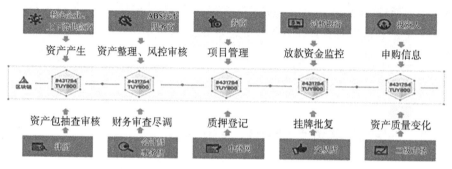

图 6-2　核心企业应付账款资产证券化流程

2020 年第四季度温州民间融资综合利率为 14.46%,而小额贷款公司等类金融机构利率通常为 15%~20%,制造业用钢的小微企业融资成本经常高达18%。区块链支持的有底层资产的票据发行利率却可以低到 5.9%,加上约 1%的各方中介费用,小微企业总的融资成本约为 6.9%。这意味着小微企业付出同样的融资成本,利用区块链可以融到的资金是通常渠道的三倍多。例如,2020 年度第一期碧桂园对上游企业承诺兑付的资产票据化发行总额为 7.52 亿元,在已发行的标准化资产中,甚至有供应商融资利率低至 2.5% 左右。一些区块链平台发行了千亿元级别的应收账款资产证券化和票据化产品,帮助很多小微企业渡过了生死存亡期。如果社会各龙头核心企业都能重视整个行业产业链的生态健康,利用区块链技术帮助实现整体收益大于局部优化的收益,产业链上的小微企业就有望解决融资难和融资贵的问题,助力我国小微企业受益于数字化技术与产业融合,实现快速发展。

6.3 本章小结

本章以联易融区块链平台应收账款保理融资和应收账款资产证券化为例，建立了包括应收账款、商业信贷等低流动性资产向数字化资产转换的新型融资路径，实现了区块链技术赋能核心企业应收账款向数字化资本转换的创新探索，是对改善我国小微企业融资难融资贵问题和实现我国各领域数字化优化升级的理念、思路、模式的创新。应收账款多级流转业务其实质是依托区块链不可篡改和不可伪造的技术特征将应收账款转化为可以拆分流转的数字化债权凭证，节约银行尽调成本的同时降低小微企业融资利率。应收账款证券化则是通过转让、租赁、托管等方式将分散化的应收账款进行规模化收储、整合和优化，引入股权资本介入和帮助传统供应链金融平台小微企业改善融资困境，这两种业务模式都为推进我国数字经济发展进程，实现各领域数字化优化升级提供了可参考的现实路径。

联易融供应链金融平台依托区块链的不可篡改和多方确认的技术特征将低流动性的应收账款转化为可以分拆流转的数字化债权凭证，将分散的应收账款转化为能够在二级市场募集资金的数字资产。区块链平台不仅是一个共享、查询、验证交易数据的信息处理平台，也是一个具有整合、转化、增值功能的资源交易中心，通过区块链不可篡改和多方确认特征带来的数据信任提升供应链金融平台各主体的合作效率，对接资本市场股权资本为小微企业优质资产提供多元化的价值实现路径。

一是以区块链不可篡改的特性做背书，让整个应收账款从收集、风险控制，到资产推送的过程透明化，并且让所有的记录都成为各参与方可获取的资料，从而建立供应链金融平台内部多方之间的信任与协作。二是依托区块链平台分布式的数据结构实现了核心企业等业务主体和审计机构等监管机构对应收账款业务明细的多方确认，由于所有的步骤都会记录在区块链上，金融机构能够直接使用区块链上的留存记录作为内部风控审核的依据，显著降低了金融机构尽调成本的同时提升了业务处理效率。三是通过整合和筛选供应链金融平台流动性较低的应收账款转化为可以在二级市场流通的优质资产包，发挥了股权资本在风险定价中的先天优势以弥补银行为主体的传统金融服务所造成的金融资源配置扭曲，为提升供应链平台企业资源利用效率和从根本上破解小微企业融资难融资贵问题提供了可复制、可推广的实践经验。

第7章
面向岳各庄农副产品的区块链
溯源技术研究

7.1 引　言

北京京丰岳各庄农副产品批发市场是北京西南地区经营规模较大,配套服务体系完善,经营品种全面的农副产品集散地。市场始建于 1986 年,位于京石高速公路与西四环路交汇处,市场占地面积 52 000 平方米(78 亩),营业面积116 379 平方米。岳各庄农副产品批发市场拥有近 2 000 个停车位;解决当地农民就业 400 人,摊位 2 200 个,从业人员 3 353 人;2019 年交易额 135 亿元,交易量 7.9 亿千克。

岳各庄农副产品批发市场经营包括蔬菜、水果、水产、海鲜、肉类、禽蛋、调料、粮油、豆制品、熟食、服装、办公用品、酒店用品、日用百货等百余种商品。市场商品除供应周边社区,主要服务于北京市各大宾馆、饭店、机关、团体、部队等,配送量占丰台区的 93%,北京市的 42%,已成为具有广泛社会效益和诚信知名度的农副产品销售配送专业市场。

7.1.1　岳各庄农副产品交易需求分析

根据大众点评网 2013 年至 2022 年间用户对岳各庄批发市场的评价:2018 年之前,人们对岳各庄批发市场的主要担忧在于部分卖家供应食材以次充好,试图通过缺斤少两欺瞒消费者。2018 年后市场监管整顿力度加大,卖家不诚信行为逐渐改善,市场好评度显著提升。大量用户留言经常来岳各庄批发市场购货,食材种类齐全,价格实惠。2019 年由于新冠疫情间歇性爆发对北京市农副产品尤其是海鲜类产品流通带来了负面影响,岳各庄批发市场几次暂停营业。消费者对农副产品的关注点集中于运输过程中的经手主体和流转环节是否安全,食材质量和新鲜度是否得到保障。农副产品从农田到餐桌包括多个环节,形成了复杂的链条,不仅包括种植过程的各个环节,同时包含物流供应链等。任何环节出现问题都会影响产品质量。尤其作为消费者,更应该对所购买的农产品有着清楚的了解,所以农产品的溯源就显得非常重要。

(1)经销商:传统的农产品采买过程主要依赖经销商对于市场需求和食材质量的经验判断,这样将导致农副产品信息严重滞后和不准确。经销商出于利润等考虑,可能会就农副产品产地、日期和品种等生产信息造假,短期内以次充好所带来的利润并不能抵消消费者负面反馈造成的长期后果;相应地,对产品质量把控较为严格的经销商也就很难将新鲜优质的农副产品卖出更高的价格,不利于市场健康良性发展。

(2)市场监管部门:传统的农副产品溯源是最耗时,最复杂的工作。由于经销商采购过程不透明,农副产品造假时有发生,核对凭证的工作烦琐无比,这样的溯源过程耗时耗力效率低。以往中心化的溯源系统虽然可以利用农副产品包装上的溯源码帮助消费者快速获取产品信息,但是中心化的处理方式需要平台监管者能够有效控制农副产品信息上链过程,定期检查底层检测人员的履职情况。

(3)消费者:在新冠疫情期间消费者最为担忧的问题就是农副产品初始采摘日期、途经地、经手方等信息能否实时可靠获取。经销商为了得到更高的价格或者快速出货,给消费者展示更好的农副产品质量,均有可能发生人为操纵农副产品信息的违规行为,很多谋取私利的经销商都设法利用信息的不对称性和现有监管漏洞欺诈消费者,尽管这种现象已经逐渐得到遏制,但仍然暴露出农副产品溯源工作存在被人为因素影响的漏洞。多数消费者即使回家后发现产品存在的问题也缺乏快捷有力的反馈机制,或者将对经销商的不信任转移到对市场整体的不信任。消费者反馈信息的延迟,也使得市场监管者很难第一时间发现问题,进而对经销商进行有效的监督。

(4)银行:很难获取经销商的真实经营情况以确定贷款额度、还款周期。在供应链金融中,多数银行采取的都是利用核心企业的信用开展面向上下游供应商的应收账款保理业务。此种融资模式难以适用于贷款额度较低且尽职调查成本较高的农副产品供应链。依据农副产品溯源系统获取及时可信的产品买卖价格、销量等时空大数据,银行能够给予供应链底层的经销商和农户更为优惠的贷款额度和利率,农户便可提供更为优质的农副产品,助力食品供应链的健康可持续发展。

7.1.2 岳各庄农副产品溯源现状

我国农副产品供应链本质上是高度分散的,这反映了在上游供应网络的数量以及市场需求(Liu et al.,2019)。碎片化使食品风险更难以控制,并造成了很大的复杂性,导致食品欺诈急剧增加。同时,脆弱性是我国食品供应链的另一个显著特征。由于链接不同导致的漏洞导致质量风险;随着原材料或成品的大量流通,某一环节的链接不同会导致质量风险迅速蔓延,极大地增加了食品安全事件发生的概率(Aung et al.,2014)。

由于新冠疫情对北京地区食品安全带来的挑战,岳各庄等农副产品批发市场也加强了农副产品的质量管理。包括批发大厅喷洒消杀、全方位整车消毒、卸货员的健康状况以及商户完成消毒之后再进场交易。以生鲜猪肉溯源为例,卸货过程需要核对厂家送货人员的名单,登记体温及核酸情况,然后审核检疫证明、合格证明、货品来源等相关票据,盖章留存。经手人通过每扇肉上养殖场、屠宰场、检疫证明等盖章的情况来判断肉类产品从出生培育到检疫屠宰,再到批发零售的情况。更方便的是,每扇肉上都钉着一张溯源二维码,直接扫码就可以查询生产、包装、仓储、经销商各环节的信息,实现全程流通溯源。

一方面,参与农副产品安全监管的部门众多,彼此间协调差,追溯信息不共享,易出现信息孤岛和工作不连续等问题。虽然政府、行业协会等机构发布了一系列法律法规、行业标准等,但都缺少协调、兼容互通性及强制性,因此需要建立溯源平台,进行统一管理、协同办公。另一方面,我国消费者对可追溯性的正确认知程度较低。企业实施追溯门槛较高,追溯投入成本高,追溯信息的价值有限,这在一定程度上阻碍了阶段性试点与推广的进行。因此需要以政府、媒体为主,企业为辅的认知宣传,提高农业个体户与企业参与追溯体系建设的积极性。通过物联网与区块链技术的结合提供一个分布式去中心化的信任平台,政府、媒体和企业都能参与其中解决岳各庄农副产品追溯中存在的安全、信任、隐私等问题,成为提高农业个体户与企业参加追溯体系建设的积极性、提升供应链透明化、保障公众消费和食品安全的可行路径。

7.2 基于区块链的农副产品溯源系统架构设计

7.2.1 区块链和农副产品信息系统结合的可能性

区块链技术被定义为"一种开放的分布式账本,可以有效地以可验证和永久的方式记录两方之间的交易"(Iansiti et al.,2017)。区块链参与者之间发生加密数据交换,一旦被区块链网络验证,这些交易被组合在一起产生一个锁定区块。最后这些区块通过哈希值(唯一的数学代码)链接到之前的区块。区块链具有三个典型特征,即永久性、可追溯性和不可篡改性,能够提升交易效率,促进数字资产实时交换和透明度的提升,以及智能合约的有效执行。因此,区块链可以看成是一个建立在信任机制上的分布式共享账本,为农副产品全过程流通提供不可篡改和实时共享的追溯记录,经销商、消费者、银行以及监管部门都能参与其中,为农副产品生产销售规范化管理提供技术支撑和安全保障。

7.2.2 基于区块链的农副产品溯源系统架构模型

本节基于区块链分布式账本技术的优势和不足,结合目前经销商、消费者、监管者或监管部门、银行这四个会计信息相关体的需求,设计了一个基于区块链的农产品溯源系统模型。每个经销商内部都运行一条区块链作为产品记录账本,根据用户需求和软件工程模块化思想,如图 7-1 所示,可将其底层架构分为 4 层,分别为:数据层、合约层、应用层和权限层。

图 7-1　基于区块链的农产品溯源系统架构

（1）数据层主要由两部分组成,一部分是作为产品目录的私有链可采用的是开源区块链 HyperLedgerFabric,存储每一笔会计记录,并赋予当前时间戳,利用分布式技术和密码学技术保证其被篡改的可能性极低,除非有人控制了超过 51％的记账节点,同时仅有溯源平台拥有记账权限的管理人员能够拥有数据写入权限,即记账权限;另一部分是分布式文件存储系统,此处采用的是 IPFS,负责存储发票、合同等原始凭证,每一次记账,既要分布式存储产品目录,同时也要分布式存储对应的会计凭证,互相验证以有效防止数据被篡改,同时也增加了数据的可追溯性。

(2)合约层由许多智能合约组成,在满足触发条件下,其将会自动执行。系统根据农产品溯源系统的需求,可大概将智能合约分为两类。一是农副产品合规类合约,其负责将应用层传递的原始记账数据,加工处理为数据层的区块链所需要的格式,同时拒绝不合规数据、重复记录数据再次存储到数据层中。二是合同执行类合约,其负责自动执行系统性、周期性的合同类任务,比如月底自动向员工发工资、自动报税、货物到达自动结算尾款等。

(3)应用层主要由三部分组成,一是利用互联网技术为经销商提供产品服务功能;二是内置物联网的接口,在供应链或者产品生产过程中,可以实时自动化登记,保证了上链数据的真实性和及时性;三是对外接口,包括 AI 识别发票、大数据分析、产品信息披露等对外接口。

(4)权限层是特殊的一层,其贯穿整个系统,在应用层、合约层、数据层都有发挥作用。一方面,其通过证书管理中心,在应用层可以控制不同人或设备有不同系统操作权限,在合约层保证不同的权限只允许调用指定范围内的合约,不允许非法调用,在数据层保证了只有经过授权的区块链节点才能加入区块链网络中。另一方面,通过对称加密算法和非对称加密算法的综合使用,从根本上保证了每条产品信息的真实性和可访问性。

7.2.3 基于 UTXO 模型的溯源模型设计

基于区块链的农产品溯源系统,一方面需要无缝兼容当今的农产品溯源系统,另一方面也要充分发挥区块链的特性,能够实现农副产品的可追溯性,这里的可追溯性不仅是指该笔产品分录由谁在什么时间进行记录,更是指一批产品(或农副产品)在其生命周期内的所有经历。比如说,经销商给某超市投放了 100 件农产品,通过本书设计的系统,是可以清晰地知道每一件农产品的流向。

本书基于 UTXO 模型和农产品溯源系统的需求,设计出了新的溯源模型中每条产品目录包括记账单元信息、交易输入、交易输出三个部分。典型的交易流程如图 7-2 所示。

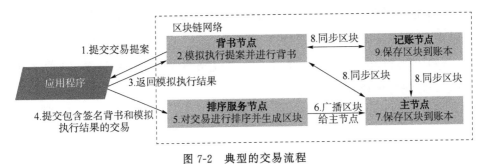

图 7-2 典型的交易流程

（1）应用程序创建交易并发送给背书节点：记账单元信息主要包含：记账单元类型、交易号等；交易输入包括来源交易号、项号、产品类别、数量、总价值等；交易输出包括项号、产品类别、数量、总价值、账户地址、原始凭证的哈希值等。基于 UTXO 可以找出每次产品记录的依据，从而可以避免错账的发生，同时也可以高效地追溯每个经销商产品明细。

（2）消费者和监管者收到交易提案后，会进行一些验证，包括交易提案的格式是否正确、交易是否提交过（重复攻击保护）、交易签名是否有效（MSP）、交易提案的提交者在当前通道上是否已授权读写权限。验证通过后，背书节点会根据当前账本数据模拟执行链码中的业务逻辑并生成读写集。在模拟执行时，账本数据不会更新，背书节点对读写集进行签名成为提案响应，然后返回给应用程序。

（3）应用程序收集交易的背书：应用程序收到提案响应会对背书节点的签名进行验证，所有节点接受到任何消息后都是需要先验证消息的合法性。

（4）构造交易请求并发送给排序服务节点：应用程序接收到所有背书节点签名后，根据背书签名调用 SDK 生成交易，广播给排序节点。生成交易的过程是先确认所有背书节点的执行结果完全一致，再将交易提案、提交响应和背书签名打包成交易。

（5）排序服务节点对交易排序并生成区块链：排序服务不读取交易内容，如果交易被伪造，会在最终的交易验证阶段校验出来，并标记为无效交易。排序服务先是接收网络中所有通道发出的交易信息,按照时间顺序对交易排序,生成区块。

（6）排序服务节点将区块链广播的形式发送给主节点:排序服务节点生成区块后,广播给通道上不同组件的主节点。

（7）主节点验证区块内容并写入区块:主节点接收到的是排序服务节点生成的区块,验证区块交易的有效性。

（8）在组织内部同步最新的区块:主节点在组织内部同步区块。

7.2.4　基于私有链和联盟链的混合链架构

即使经销商使用基于区块链的农副产品溯源系统进行记账,也存在被篡改的风险,并不能够获得监管部门等外部机构的信任,因为该区块链账本运行在批发市场内部的多个节点上,产品信息并没有同步到外部的其他节点,即市场内部如果有人可以控制超过51％的区块链节点,可以篡改指定数据。另一方面,即使在产品信息被加密的情况下,经销商仍然不愿意把自己的产品信息同步到外部的区块链的其他节点。这就产生了矛盾,经销商不愿意同步产品信息到外部节点,但又想获取外部节点的信任;外部节点如果没有得到可信的产品信息,就没法给予该经销商足够的信任。

为了解决上述问题,如图7-3所示,本书设计了基于私有链和联盟链的混合链模型,主要是为了解决参与主体由于担心数据安全和所有权问题而不愿将数据上链的问题。每家经销商依然内部运行一条自己的区块链,即私有链,经销商内部节点负责记账,并且保证内部所有节点保存的经销商的账本是完整和一致的。同时,该经销商作为一个节点,参与到由许多经销商、监管者、银行等组成的联盟链中,联盟链上的所有节点数据都是实时同步且一致的,在区块链网络中,数据不被直接共享,而是在保证数据安全的前提下有限制地流动。

本书的创新点在于经销商无须实时将自身的农产品数据同步给其他外部节点,而是按照指定时间频率,将自身的当前最新完整产品信息,经过哈希运

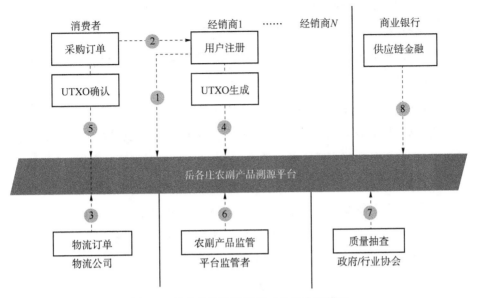

图 7-3　私有链和联盟链组成的混合链模型

算,得到一个唯一的指定位数的字符串,将该字符串附加当前时间戳和其他该经销商信息,一起同步到联盟链的其他节点。若采用 MD5 算法,则会产生 128位的字符串,该字符串和待加密的数据具有强相关,即待加密数据即使只有 1bit 的数据被修改,经过哈希运算,也会得到截然不同的另一个 128 位的字符串。也就是说,任何经销商都是无法在后期修改产品信息的,只要修改了,其再次经过哈希运算得到的字符串将与联盟链上之前存储的哈希值不同,将会快速被其他联盟链上的节点发现和排斥。

7.3　基于区块链的农副产品溯源系统的运作模式

7.3.1　UTXO 模型

基于 UTXO 模型的比特币区块链运行至今已经近 10 年,没有发生过一笔错账，这是对 UTXO 模型最好的背书。UTXO 支持多农副产品，从而可以支持更多的业务场景，并且可以保证农副产品交互操作的原子性，又可以大幅度提高工作效率，降低出错率。具体而言，UTXO 模型可分为两部分，分别是交易元信息和交易输出。

（1）交易元信息包括：交易类型、交易编号等。

交易类型：根据 UTXO 生成的方式可分为 Coinbase 交易和普通交易。交易编号：为该交易在整个区块链网络中的唯一编号，按时间顺序递增，如♯002。

（2）交易输出包括：项号、农副产品类型、数量、账户地址、原始凭证的哈希值等。项号：表示待输出的农副产品在该交易中是第几项，如（1）项。农副产品类型：表示待输出的农副产品归属于哪个产品类别，如"生鲜肉类-猪肉"。数量：表示指定项的待输出农副产品的数量，比如 10 斤。总价值：表示指定项的待输出的农副产品的总价值。账户地址：表示待输出农副产品归属的产品目录在区块链中的地址。原始凭证的哈希值：表示指定项的待输出农副产品原始凭证的加密哈希值，比如发票。

7.3.2　基于私有链构成经销商的产品账目

区块链根据参与者的访问权限可以分为私有链、公有链、联盟链，因为经销商的产品信息只需要内部节点操作和访问，所以本书选择基于私有链构建经销商的产品信息，每条区块链就是一个用户，每个用户拥有一条私有链。在狭义上，区块链是由许多区块按照生成时间，首尾相连的数据结构。如图 7-4 所示，每个区块分为两部分，区块头和区块体。区块体包含此次打包的交易，这些交易通过 Merkle 树的结构关联。区块头则包含上一区块的区块头的哈希值，以此相连成一条链条；同时还包含有通过计算区块体中的梅克尔（Merkle）树得到的唯一哈希值，称为梅克尔根；最后还包含生成该区块时的时间戳，以此作为区块链的时间维度，由于时间的不可逆转，这让数据记录既不可修改又无法撤销，保证了本地节点和其他节点的数据是一致的，最终形成不可篡改和不可伪造的区块链数据库，确保了系统的可靠性和数据的真实性。

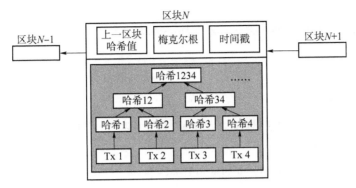

图 7-4 区块链的数据结构

区块体中的每个 Tx 代表一个交易,每个产品信息记录都会生成一个包含 UTXO 结构的交易。去中心化的分布式记账方法为:(1)每个连入区块链节点的会计人员生成包含 UTXO 结构的交易;(2)这些新交易(产品分录)都会被广播给网络里的所有节点,某个具有打包权的节点每隔 10 分钟将会生成一个区块(由提前设定好的区块链机制确定哪个节点具有打包权和多少时间间隔生成一个区块);(3)根据共识机制,新区块经过多数节点验证后,将会被添加到主链上,同时其他节点会同步更新到自己本地的链上,每条链上都拥有了完整的、透明可查的农副产品流通记录,这能够有效预防做假账和随意修改数据行为的发生。(4)通过共识机制和时间戳能够有效解决"双花问题"(双重支付问题)和"拜占庭将军问题"。

7.3.3 基于区块链的用户账户设置

一个用户可以创建多个产品类别,每个产品类别由一个长 42 位的地址唯一性表示,其以"0x"开头,并拼接上 40 个其他元素,每个元素随机取自 0～9 和 ABCDEF 组成的集合,不区分大小写(此处以比特币的地址一种类型为例)。溯源或者监管的时候,客户端软件中的账户使用 JSON 格式的 keystore 文件来保存单独(随机生成)的私钥,这个文件使用额外的密码来进行加密,以确保安全。JSON 文件的内容如下:

```
{
    "address":"001d3f1ef827552ae1114027bd3ecf1f086ba0f9",
"crypto":{
    "cipher":"aes-128-ctr",
    "ciphertext":
"233a9f4d236ed0c13394b504b6da5df0258c8bf1ad8946f6f2b58f055507ece",
    "cipherparams":{
        "IV":"d10c6ec5bae81b6cb9144de81037fa15"
    },
    "kdf":"scrypt",
    "kdfparams":{
        "dklen":32,
        "n":262144,
        "p":1
        "r":8
        "salt":
"99d37a47c7c9429c66976f643f386a61b78b97f3246adca89abe4245d2788407"
    },
    "mac":"594c8df1c8ee0ded8255a50caf07e8c12061fd859f4b7c76ab704b17c957e842"
},
"id":"4fcb2ba4-ccdb-424f-89d5-26cce304bf9c",
"version":3
}
```

为了能够追溯记账依据,每次记账都需要保存原始凭证。在 UTXO 模型中,交易输出模块的每项记录记录的是原始凭证的哈希值,而不是原始凭证本身,这是为了解决区块链天然不适合存储大文件的问题,所以以本书的做法是将原始凭证文件存储到区块链外,只在区块链上存储这些文件的哈希值,这种方式不仅能够有效提高区块链记账的效率,也自动形成了证据链,方便今后的监管。本节的存储模型是基于 IPFS(Inter Planetary File System)的分布式文件系统。IPFS 网络中的所有节点将构成一个分布式文件系统,具有访问速度更快、防篡改、减少数据冗余等优点。平台管理员在录入时,会上传原始凭证到 IPFS 网络,当 IPFS 网络存储好原始凭证时,IPFS 网络会返回基于其内容计算出的具有唯一性的加密哈希值。

如 Q234TaGWT1uUtfSb2sBAvArM12345678cQg5bv7wwdzwU,此哈希值直接反映了原始凭证文件的内容,哪怕只修改 1 bit,哈希值也会完全不同,这一方面使得存储在 IPFS 网络上的文件很难被篡改,保证了文件具有较高的安全性。另一方面因为相同文件内容的哈希值是相同的,可以自动解决一票多报的问题。查找文件时,通过文件的哈希值请求 IPFS,即通过 http：// ipfs.io / hash 就可以取回文件,并使用哈希验证其是不是正确的数据。

7.3.4 原生交易创建和签名

为了生成一个正确的交易,交易的发起方必须在交易的数据包中附带上使用椭圆曲线数字签名算法生成的数字签名。这个例子使用了 ethereumjs-tx 这个程序库,展示应用程序如何为用户签署交易。例子的源代码位于 GitHub 仓库的 raw_tx_demo.js 文件中:

(http://github. com/ethereumbook/ethereumbook/blob/develop/code/web3js/raw _ tx/raw _ tx _ demo.js)。

```
//Load requirements first:
//npm init
//npm install ethereumjs-tx
//Run with: $ node raw_tx_demo.js
const ethTx=require('ethereumjs-tx');
const txData= {
  nonce:'0x0'
  gasPrice:'0x09184e72a000'
  gasLimit:'0x30000'
  to:'0xb0920c523d582040f2bcb1bd7fb1c7c1ecebdb34',
  value:'0x00'
```

```
data:' ',
v:"0x1c",//Ethereum mainnet chainID
r:0,
s:0
};
tx= new.ethTx(txData);
console.log('RLP-Encoded Tx: 0x'+ tx.serialize().toString().toString('hex'))
txHash= tx.hash();//This step encodes into RLP and calculates the hash
console.log('Tx Hash:0x'+ txHash.toString('hex'))
//Sign transaction
Const privKey= Buffer.from(
    '91c8360c4cb4b5fac45513a7213f31d4e4a7bfcb4630e9fbf074f42a203ac0b9','hex');
tx.sign(privKey);
serializedTx= tx.serialize();
rawTx= 'Signed Raw Transaction:0x'+ serializedTx.toString('hex');
rawTx= 'Signed Raw Transaction:0x'+ serializedTx.toString('hex');
console.log(rawTx)
```

运行上述代码会产生输出结果：

```
$ node raw_tx_demo.js
RLP-Encode Tx:0xe6808609184e72a0008303000094b0920c523d582040f2bcb1Bd7fb1c7c1
TxHash:0xaa7f03f9f4e52fcf69f836a6d2bbc7706580adce0ao68ff6525ba337218e6992
Signed Raw Transaction:0xf866808609184e72a0008303000094b0920c523d582040f2bcb1...
```

7.3.5　记错账的处理方法

已经记录在区块链的区块中的产品分录是不能直接修改的，只要修改了，该分块中的梅克尔根记录的哈希值就会改变，进而包含该梅克尔根的区块头的哈希值就会改变，这与该区块的后继节点记录的前节点的哈希值不同，最终导致整个区块链条从当前区块断开，该区块链的总长度将会变小为 m（假设被修改的区块的高度为 m）。但是，该修改只是在某个节点发生，其他节点的区块链

长度仍然是 n(假设最后一个区块的高度为 n),因为 $m<n$,其修改将被其他节点排斥,导致修改失败。所以基于区块链的农产品溯源系统,如果要修改产品目录,只能使用补充登记法,即再登记一条与之前错误的记录相反的记录进行冲账。

7.4 基于区块链的农副产品溯源系统的影响分析

7.4.1 农副产品溯源系统

(1)安全性:解决了集中式数据存储的弊端,有效防止单点故障宕机、黑客和病毒的恶意攻击,导致数据丢失和泄漏。传统的农产品溯源系统都是将数据储存在一台中心服务器上,不仅存在负载高、运行速度慢等问题,而且很容易受到单点故障或者黑客和病毒的攻击;而区块链采用分布式储存数据的方法,每一个节点都有相同的备份,这不仅提高了数据的安全性,数据的可访问性,也大幅减少了服务器的维护费用。

(2)自动化:基于区块链的农产品溯源系统将使农副产品溯源业务更加自动化,提高了管理效率和有效保障食品安全。其体现在三个方面:第一、基于UTXO模型的产品分录,能够自动对重复信息、无关联信息进行了有效的筛选、剔除,提前发现异常记录,并进行自动处理,将有效防止错账和遗漏的发生,提升农副产品信息质量;第二、系统可以融合物联网、AI等模块,利用物联网传感器采集数据,然后直接上传区块链网络,替代传统的人工录入环节;利用 AI 可以自动识别溯源码真伪;第三、智能合约自动控制业务执行,一键展示产品信息等,能有效提升农副产品溯源的工作效率,降低公司运营成本。

(3)可信性:传统农产品溯源主要通过物流配送员和检测站员工实现,由于岗位的权利有高有低,最底层员工的行为容易受到上层职位人员的控制,并且产品信息都是储存在平台的某个计算机或者服务器中,这可能导致产品信息面临被篡改的风险,区块链将依赖于人的信任转变为依赖于机器,区块链利用共识机制创造信任,在区块链上发布的所有产品记账记录,都会被加盖当前时间戳,然后面向网络中的所有节点进行广播,并且实时验证和同步其他节点广播的交易,从而达到"共识",使互不信任的人们通过背书,在不需要借助第三方信用机制下实现合作,较好地实现了区块链数据的公开和透明,杜绝任何经销商在财务上存在弄虚作假的行为。

7.4.2 系统用户

区块链技术在农产品信息系统中的应用将极大简化溯源流程、缩短多级管理授权机制,结合物联网和人工智能技术,将可以进一步使业务流程自动化,自动实现产品信息的确认、计量、记录和存储,从而提升业务效率,降低溯源成本。一方面,监管部门需要为智能合约制定控制措施和机制,确保智能合约得到正确执行。另一方面,平台技术服务商可以通过大数据技术对业务中发生的大容量、多种类、实时性很强的数据进行有效的分析和利用,为经销商提供有价值的决策信息,比如重新选择上游的农户和各种销售渠道,以此来降低经销商整体的费用成本,加快资金流的形成,增强品牌的核心竞争力。

7.4.3 监管

农副产品检查通常需要一组人逐行检查产品信息是否正常,这是昂贵、复杂、耗时的。但使用区块链技术后意味着产品溯源可以真正的数字化、透明化和标准化。所有的产品信息都是存在一个分布式的网络中,每一笔交易都会记录在区块链上并有一个时间戳,监管这个流程就会大大简化,具有无须第三方背书的可信任性,这种信任来自机器,几乎可以认为存储在区块链上的数据都是真实可信的,没有经过人为篡改的。通过这些数据,平台监管者能够自动核实他们需要检查的会计记录。这或许将在未来大幅减少平台监管所涉及的人工任务,甚至可以做到实时审查、自动审查,审查结果也将更快、更可靠,而监管人员的工作重心也将转向确保智能合约的正确执行,也将更加专注提供高质量的审查程序和咨询意见。

7.5 本章小结

通过区块链的分布式账本技术,有效杜绝了人为因素的影响,较好地规避了农副产品信息造假、篡改的现象;基于 UTXO 模型进行记账,不仅可以实现对所有农副产品流通情况的追踪,也较好地避免了错记漏记的发生;私有链和联盟链结合的方式解决了数据保密和开放验证的难题。虽然区块链使用尚处于起步阶段,但本章设计的基于区块链的农产品溯源系统将能够有效提升食品安全、降低溯源成本,有望给农副产品市场带来变革。

第8章
结论与启示

8.1 本书的结论

（1）本书以 2016—2019 年我国 A 股上市公司数据为样本研究发现：首先，企业区块链应用与企业内部资本市场效率之间呈正相关关系。然后，分别检验政府信息化补贴和企业信息化投入对企业区块链应用和内部资本市场效率之间关系的影响，发现政府信息化补贴和企业信息化投入能够促进区块链应用对企业内部资本市场效率的提升作用。这些结果说明，区块链应用对于改善企业内部资本市场效率发挥了积极作用，为进一步促进区块链生态良性发展提供了理论参考。

（2）本书以我国 A 股制造业上市公司 2016—2019 年数据为样本，研究社会信任和区块链应用对公司合作创新的影响。结果表明，熟人信任和生人信任对公司合作创新具有不同的影响：和熟人信任相比，生人信任能够更好地促进企业合作创新。然后，本书分析了区块链应用的外部治理效应，包括区块链应用对企业合作创新的直接影响以及区块链应用对社会信任与企业协作创新之间关系的间接影响。本书发现区块链应用促进了企业合作创新，并增强了社会信任对合作创新的正向影响。这些结果表明,区块链的应用在促进企业合作创新方面发挥了积极作用。

(3) 本书以联易融应收账款保理业务和资产证券化业务为例,创新性地提出了集成区块链技术优势贴合供应链业务特征实现应收账款分拆流转的应收账款保理业务和资产证券化业务模式,并从其总体架构和操作模式两个方面进行了详细阐述。本书利用区块链技术解决了供应链金融平台应收账款增信、确权和分拆流转三个方面的具体问题,帮助供应链底层的中小企业盘活应收账款,利用核心企业信用支撑的分拆后的应收账款获得低成本融资,是通过区块链技术改善小微企业融资难和融资贵问题的积极探索,为推动各领域数字化优化升级和塑造新竞争优势提供了坚实的理论及实践基础。

(4) 本书分析了区块链应用于农副食品溯源的可行性;然后结合岳各庄农副产品流通的特点,基于 UTXO 模型,以此作为农副产品数字化和信息录入的理论依据;同时采用由私有链和联盟链组成的混合链架构解决了农副产品信息在保密和开放验证之间的矛盾;最后阐述了基于区块链的农副产品溯源系统是如何运作的。本书是区块链和软件工程的交叉研究,基于区块链和 UTXO 模型的岳各庄农副产品溯源系统有望给农产品生产和流通提供解决方案。

8.2　政　策　建　议

基于研究结论,本书还提出若干政策与管理学启示。对于政府而言,首先,应当给予科技和新型数字技术融合的支持政策,鼓励和完善配套产业的发展。加强地方区块链基础设施建设,尤其是信息网络技术服务水平和质量。例如中国政府最近所倡导的数字新基建,可以有效帮助企业的数字化升级,推进信息有效流动,促进企业的合作创新。其次,进一步完善有关于包括区块链技术在内的数字技术在应用上的监管体系。应该更强调企业主体地位和政府的服务职能,制定和完善数字资产保护相关法律法规建设,通过区块链技术搭建资源变资产成资本的转化平台,为后续实现链上资本数字化和数据资本化提供坚实基础。对于企业而言,首先,知识和信息共享是影响企业合作创新绩效的主要因素。因此,企业管理者可以积极推动包括区块链技术应用在内的数字化升级,以确保企业信息获取与共享的效率与安全性。其次,企业应不断提高区块链技术的使用能力,形成专业团队,以发挥信息化优势,优化企业资源,与合作伙伴形成顺畅的信息流,从而提高企业的合作创新绩效,增强企业的核心竞争力。

8.3　局限性及今后研究方向

本书不足之处主要体现在两个方面:一是区块链应用程度的度量方面。从理论上应该从应用阶段(Stage of Adoption Cycle,SAC)和应用深度(Maturity Level of Application,MLA)这两个维度构建区块链应用效果评价体系。但目前国内得到大规模应用的区块链业务大部分停留在较浅层的技术应用,针对高性能、高可靠性的区块链系统的关键技术研发的项目尚不成熟,所以短期内难以实现针对区块链应用深度的大样本实证分析,但未来伴随着上市公司区块链发展逐渐成熟,研究可以依据区块链应用所涉及的技术层次分为浅层应用(业务涉及的区块链技术属于较浅的应用程度,比如数字存证和溯源追踪等)和深层应用(业务涉及高性能、高可靠性的区块链系统的关键技术,比如区块链系统中的多通道技术、基于可信计算的区块链系统间通信和互操作技术、自主可控的区块链密码体系及高效的密码实现技术等)构建基于应用阶段和应用深度的多维区块链应用效果评价体系。二是企业层面区块链应用的最大优势在于其基于数据层面的信任机制可以为企业及其关联方实现链上资本数字化和数据资本化,进一步创建资源与资产的转化平台提供坚实基础。然而中国数字资产保护相关法律法规建设仍然有待完善,区块链上的数据归属于哪一参与主体、各主体对于区块上的各类数据享有何种权利等需要予以理清。2019 年 6 月 4 日,国家市场监督管理总局、国家标准化管理委员会发布了 GB／T 37550—2019《电子商务数据资产评价指标体系》,为数据资产成本价值和数据资产标的价值评估提供了指引,未来研究可以尝试从企业数据资产定价的角度展开研究,通过区块链技术应用为政府和企业盘活存量资产,为实现链上资本数字化和数据资本化提供参考指引。

区块链学术论文与研究成果

［1］Wan Y,Gao Y,Hu Y. Blockchain application and collaborative innovation in the manufacturing industry：Based on the perspective of social trust. Technological Forecasting and Social Change,177,2022.

［2］高雨辰,万滢霖,张思.企业数字化、政府补贴与企业对外负债融资——基于中国上市企业的实证研究[J].管理评论,2021,33(11):106-120.

［3］Li R,Wan Y. Analysis of the negative relationship between blockchain, application and corporate performance.Mobile Information Systems,2021.

［4］李任斯,万滢霖.区块链对企业营运效率的影响——信任助推器还是炒作？[J].会计之友,2021(1):153-160.

［5］万滢霖,陈欣.企业区块链应用、信息化投入与内部资本市场效率[J].投资研究,2021,40(3):79-94.

［6］钟松然,万滢霖,徐德婧.区块链赋能小微企业融资的三种方式,被人民日报出版社出版的《数字金融,未来已来》全文收录,2020.

参 考 文 献

[1] 蔡卫星,等,2016.企业集团,产权性质与现金持有水平[J].管理评论,28(7):16.

[2] 陈艳利,等,2014.资源配置效率视角下企业集团内部交易的经济后果——来自中国资本市场的经验证据[J].会计研究,10:8.

[3] 邓爱民,等,2019.基于区块链的供应链"智能保理"业务模式及博弈分析[J].管理评论,9:10.

[4] 杜军,等,2019.互联网金融服务的盈利模式演化及实现路径研究——以京东供应链金融为例[J].管理评论,31(8):18.

[5] 范忠宝,等,2018.区块链技术的发展趋势和战略应用——基于文献视角与实践层面的研究[J].管理世界,34(12):2.

[6] 龚志文,等,2017.基于演化博弈的企业集团内部资本转移激励机制研究[J].中国管理科学,4:7.

[7] 黄俊,等,2011.集团化经营与企业研发投资——基于知识溢出与内部资本市场视角的分析[J].经济研究,6:13.

[8] 匡海波,等,2020.供应链金融下中小企业信用风险指标体系构建[J].科研管理,41(4):11.

[9] 李健,等,2019.供应链金融的信用风险识别及预警模型研究[J].经济管理,41(8):19.

[10] 刘若飞,2016.我国区块链市场发展及区域布局[J].中国工业评论,12:6.

[11] 罗玫,2019.加密数字货币的会计确认和税务实践[J].会计研究,12:6.

[12] 纳鹏杰,等,2017.企业集团风险传染效应研究——来自集团控股上市公司的经验证据[J].会计研究,3:8.

[13] 祁怀锦,等,2019.《物权法》、内部资本市场与反掠夺效应[J].投资研究,38(5):23.

[14] 谭喻萦,等,2020. 利率市场化背景下市场交易联动各方的最优策略选择——基于供应链金融视角[J]. 管理评论,2:12.

[15] 王超恩,等,2016. 集团财务公司效率与企业创新[J]. 管理科学,29(1):13.

[16] 危平,等,2017. 基于组织复杂性视角的金融集团内部资本市场效率研究[J]. 中国管理科学:6.

[17] 吴成颂,2011. 企业集团内部资本市场异化对公司治理的影响[J]. 经济管理,5:6.

[18] 阳丹,等,2019. 集团所属政府层级,内部资本市场与子公司高管薪酬——来自国企集团下属上市公司的数据[J]. 会计研究,9:7.

[19] 姚前,等,2018. 中央银行数字货币原型系统实验研究[J]. 软件学报,29(9):17.

[20] 张会丽,2011. 企业集团财务资源配置、集中程度与经营绩效——基于现金在上市公司及其整体子公司间分布的研究[J]. 管理世界,2:9.

[21] 郑国坚,等,2016. 系族控制、集团内部结构与上市公司绩效[J]. 会计研究,2:8.

[22] 朱晓武,2019. 区块链技术驱动的商业模式创新:DIPNET 案例研究[J]. 管理评论,31(7):10.

[23] Abadi, et al, 2018. "Blockchain Economics", CEPR Discussion Paper No. DP13420. Available at SSRN: https://ssrn.com/abstract=3310346.

[24] Ahluwalia, et al, 2020. Blockchain technology and startup financing: A transaction cost economics perspective. Technological Forecasting and Social Change, 151:119854.

[25] Alchian, et al, 1969. "Information Costs, Pricing and Resource Unemployment", Economic Enquiry, (7):109-128.

[26] Alesina, 2022, La Ferrara E. Who trusts others? Journal of public economics, 85(2): 207-234.

[27] Argyres, 2007. Contract design as a firm capability: An integration of learning and transaction cost perspectives. Academy of management review, 32(4):1060-1077.

[28]　Aung,2014.Traceability in a food supply chain: Safety and quality perspectives. Food control,39: 172-184.

[29]　Ball, 2022. The metaverse: and how it will revolutionize everything. Liveright Publishing.

[30]　Benedetti, 2018. "Digital Tulips? Returns to Investors in Initial Coin Offerings". Available at SSRN: https://ssrn.com/abstract=3182169.

[31]　Berkowitz,2015."Do property rights matter? Evidence from a property law enactment". Journal of Financial Economics,116(3):583-593.

[32]　Bierly,2007. Explaining Alliance Partner Selection: Fit,Trust and Strategic Expediency. Long Range Planning,40(2):134-153.

[33]　Brockman,2018. Societal trust and open innovation. Research Policy,47 (10):2048-2065.

[34]　Chang,2019. Supply chain re-engineering using blockchain technology: A case of smart contract based tracking process. Technological Forecasting and Social Change,144:1-11.

[35]　Chen, 2019. What are cost changes for produce implementing traceability systems in China? Evidence from enterprise A. Applied Economics,51(7): 687-697.

[36]　Chen, 2018. Blockchain tokens and the potential democratization of entrepreneurship and innovation. Business Horizons,61(4): 567-575.

[37]　Chesbrough,2006. Open innovation: a new paradigm for understanding industrial innovation. Open innovation: Researching a new paradigm, 400: 19.

[38]　Cong, 2019, "Blockchain disruption and smart contracts", Review of Financial Studies:1754-1797.

[39]　Cong,et al,2020. "Decentralized mining in centralized pools". Available at SSRN: https://ssrn.com/abstract=3143724,2019.

[40]　Culot, et al, 2020. The future of manufacturing: A Delphi-based scenario analysis on Industry 4.0. Technological Forecasting and Social Change, 157:120092.

[41] Das,et al,1998. Between Trust and Control: Developing Confidence in Partner Cooperation in Alliances. Academy of Management Review,23 (3): 491-512.

[42] Dincelli,et al, 2022.Immersive virtual reality in the age of the Metaverse: A hybrid-narrative review based on the technology affordance perspective. The Journal of Strategic Information Systems,31(2): 101717.

[43] Dyer,et al,2018. The relational view revisited: A dynamic perspective on value creation and value capture. Strategic Management Journal, 2018,39(12):3140-3162.

[44] Easley,et al,2019."From mining to markets: The evolution of bitcoin transaction fees",Journal of Financial Economics,134(1):91-109.

[45] Fan,et al,2016. An information processing perspective on supply chain risk management: Antecedents, mechanism, and consequences [J]. International Journal of Production Economics,185:63-75.

[46] Fernandez,et al,2018. A Review on the Use of Blockchain for the Internet of Things. IEEE Access,6: 32979-33001.

[47] Frizzo,et al,2020. Blockchain as a disruptive technology for business: A systematic review. International Journal of Information Management, 51: 102029.

[48] Fu Jia,et al,2020. Towards an integrated conceptual framework of supply chain finance: An information processing perspective [J]. International Journal of Production Economics,219:18-30.

[49] Funk,et al,2018. Blockchain technology: a data framework to improve validity, trust, and accountability of information exchange in health professions education. Acad. Med,93(12):1791-1794.

[50] Gagnon, et al,2017. Networks,Markets,and Inequality. American Economic Review,107(1):1-30.

[51] Gambetta, 1998. Trust: Making and breaking cooperative relations. New York: Blackwell.

[52] Gao, et al. 2017. "Overcoming institutional voids: A reputation-based view of long-run survival". Strategic Management Journal, 38 (11): 2147-2167.

[53] Gelsomino, et al, 2016. Supply chain finance: a literature review[J]. International Journal of Physical Distribution & Logistics Management, 46 (4): 348-366.

[54] Gnyawali, et al, 2009. Co-opetition and Technological Innovation in Small and Medium-Sized Enterprises: A Multilevel Conceptual Model. Journal of Small Business Management, 47(3): 308-330.

[55] Granovetter, 1983. he Strength of Weak Ties: A Network Theory Revisited. Sociological Theory, 1: 201-233.

[56] Greif, et al, 2017. The clan and the corporation: Sustaining cooperation in China and Europe. Journal of Comparative Economics, 45(1): 1-35.

[57] Gulati, et al, 1988. The Architecture of Cooperation: Managing Coordination Costs and Appropriation Concerns in Strategic Alliances. Administrative Science Quarterly, 3(4): 781-814.

[58] Henkel, 2006. Selective revealing in open innovation processes: The case of embedded Linux. Research policy, 35(7): 953-969.

[59] Hofmann, et al, 2017. "Supply Chain Finance and Blockchain Technology: The Case of Reverse Securitisation", Springer.

[60] Khanna et al, 1998. The dynamics of learning alliances: Competition, cooperation, and relative scope. Strategic management journal, 19(3): 193-210.

[61] Kogut, et al, 1992. Knowledge of the Firm, Combinative Capabilities, and the Replication of Technology. Organization Science, 3(3): 383-397.

[62] Kshetri, 2018. Blockchain's roles in meeting key supply chain management objectives. International Journal of Information Management, 39: 80-89.

[63] Lavie, 2007. Alliance portfolios and firm performance: a study of value creation and appropriation in the U. S. software industry. Strategic Management Journal, 28(12): 1187-1212.

[64] Leiponen, et al, 2010. Innovation objectives, knowledge sources, and the benefits of breadth. Strategic Management Journal, 31(2): 224-236.

[65] Lichtenthaler, 2011. Open innovation: Past research, current debates, and future directions. Academy of management perspectives, 25 (1): 75-93.

[66] Liebl, et al, 2016. Reverse factoring in the supply chain: objectives, antecedents and implementation barriers [J]. International Journal of Physical Distribution & Logs Management, 6(4): 393-413.

[67] Lumineau, et al, 2011. Shadow of the contract: How contract structure shapes interfirm dispute resolution. Strategic Management Journal, 32 (5): 532-555.

[68] Martin, et al, 2017 . Involving financial service providers in supply chain finance practices: Company needs and service requirements[J]. Journal of Applied Accounting Research, 18(1): 42-62.

[69] Moro, et al, 2013. Loan managers' trust and credit access for SMEs. Journal of Banking & Finance, 37(3): 927-936.

[70] Mütterlein, et al, 2019. Effects of lead-usership on the acceptance of media innovations: A mobile augmented reality case. Technological Forecasting and Social Change, 145: 113-124.

[71] Neeley, et al, 2018. Enacting knowledge strategy through social media: Passable trust and the paradox of nonwork interactions. Strategic Management Journal, 39(3): 922-946.

[72] Pamucar, et al, 2022. A metaverse assessment model for sustainable transportation using ordinal priority approach and Aczel-Alsina norms. Technological Forecasting and Social Change, 182: 121778.

[73] Pan, et al, 2020. Blockchain technology and enterprise operational capabilities: An empirical test. International Journal of Information Management, 52: 101946.

[74] Parkhe, 1993. Strategic alliance structuring: A game theoretic and transaction cost examination of interfirm cooperation. Academy of management journal, 36 (4): 794-829.

[75] Pereira, et al, 2019. Blockchain-based platforms: Decentralized infrastructures and its boundary conditions. Technological Forecasting and Social Change, 146: 94-102.

[76] Rese, et al, 2017. How augmented reality apps are accepted by consumers: A comparative analysis using scales and opinions. Technological Forecasting and Social Change, 124: 306-319.

[77] Ramesh, et al, 1999. Distributed mission training: Teams, virtual reality, and real-time networking. Communications of the ACM, 42(9): 64-67.

[78] Resende, et al, 2012. Information asymmetry and traceability incentives for food safety. International Journal of Production Economics, 139(2): 596-603.

[79] Ringsberg, 2014. Perspectives on food traceability: a systematic literature review. Supply Chain Management: An International Journal.

[80] Ritala, 2012. Coopetition Strategy-When is it Successful? Empirical Evidence on Innovation and Market Performance. British Journal of Management, 23(3): 307-324.

[81] Ritala, et al, 2015. Knowledge sharing, knowledge leaking and relative innovation performance: An empirical study. Technovation, 35: 22-31.

[82] Sander, 2018. The acceptance of blockchain technology in meat traceability and transparency. British Food Journal.

[83] Scharfstein, 2000. "The dark side of internal capital markets: divisional rent-seeking and inefficient investment". Journal of Finance, 55: 2537-2564.

[84] Schmidt, 2021. Piloting an adaptive skills virtual reality intervention for adults with autism: findings from user-centered formative design and evaluation. Journal of Enabling Technologies, 15(3): 137-158.

[85] Simar, 2007. Estimation and inference in two-stage, semi-parametric models of production processes. J. Econometrics, 136(1): 31-64.

[86] Soares,et al,2017. The influence of supply chain quality management practices on quality performance: an empirical investigation. Supply Chain Management: An International Journal.

[87] Song,et al,2012. Entrepreneur online social networks-structure,diversity and impact on start-up survival. International Journal of Organisational Design and Engineering 3,2(2): 189-203.

[88] Sung E C,2021. The effects of augmented reality mobile app advertising: Viral marketing via shared social experience. Journal of Business Research, 122:75-87.

[89] Stekelorum,et al,2020. Can you hear the Eco? From SME environmental responsibility to social requirements in the supply chain[J]. Technological Forecasting and Social Change:158.

[90] Upadhyay,2020. Demystifying blockchain: A critical analysis of challenges, applications and opportunities. International Journal of Information Management,54:102120.

[91] Wang,et al,2015. "Mathematical Foundations of Public Key Cryptography", CRC Press.

[92] Wang,et al,2017. Strong ties and weak ties of the knowledge spillover network in the semiconductor industry. Technological Forecasting and Social Change,118: 114-127.

[93] Wang,et al,2020. Is China the world's blockchain leader? Evidence,evolution and outlook of China's blockchain research. J. Clean. Prod,264: 121742.

[94] Williamson,1985. Markets and Hierarchies: Analysis and antitrust implication. New York Free Press,1975.

[95] Williamson . The economic institutions of capitalism. New York: Free Press.

[96] Williamson,1993. Calculativeness,trust,and economic organization. The journal of law and economics,36(1,Part 2):453-486.

[97]　Xie, et al, 2016. Collaborative innovation network and knowledge transfer performance: A fsQCA approach. Journal of business research, 69 (11): 5210-5215.

[98]　Xinhan, et al, 2018. Supply chain finance: A systematic literature review and bibliometric analysis [J]. International Journal of Production Economics: S0925527318303098.

[99]　Yoon, et al, 2016. Effects of innovation leadership and supply chain innovation on supply chain efficiency: Focusing on hospital size[J]. Technological Forecasting and Social Change: S0040162516301597.

[100]　Zhou, 2022. The mediating role of supply chain quality management for traceability and performance improvement: Evidence among Chinese food firms. International Journal of Production Economics, 254: 108630.

[101]　Zuckerberg, 2021. Connect 2021 Keynoate: Our Vision for the Metaverse. Facebook.

致　谢

　　本书大部分内容作者完成于清华大学工商管理博士后流动站工作期间,在这里我要对两年来给予我帮助的家人、师长、朋友表示衷心的感谢!

　　首先我要特别感谢我的合作导师罗玫老师和刘登攀老师,罗玫老师学识渊博、治学严谨、用宽广的学术视野、敏锐的学术眼光将我带入金融科技这一全新领域,帮助我开启了新世界的大门,使我受益匪浅。感谢刘登攀老师给予我机会投身数字金融和区块链应用生态的相关研究中,让我有相对宽松的研究环境,与更多优秀的师长和同学们切磋学习,在此向恩师表示学生深深的敬意和衷心的感谢!

　　我还要把深深的感谢送给我的家人,没有你们的支持和鼓励我无法完成本书的最终成稿。同时,我还要感谢中国人民大学廖冠民老师、丹麦奥尔堡大学胡一梅老师、清华大学公共管理学院高雨辰老师和所有曾经教导过我的老师和关心我的同学们。此外,在本书出版过程中,感谢北京邮电大学出版社姚顺老师给予的宝贵建议和支持帮助。

作　者